王矛　20 世纪 90 年代影像

著作者王㐨（1930 — 1997），中国社会科学院高级工程师，先后担任中国科学院考古研究所技术室主任和中国社会科学院历史研究所古代服饰研究室主任。他主持修复了河北满城汉墓金缕玉衣、阿尔巴尼亚羊皮古书等，还曾主持湖南长沙马王堆一、三号墓的发掘和出土丝织品保护，湖北江陵楚墓出土丝织品保护，陕西法门寺出土丝织品保护等大型文物保护工作。在从事考古发掘和文物保护过程中，留意借鉴民间手工艺人的生产过程和操作技巧，又创新发明桑蚕单丝网修复技术，其精细的务实精神和修复理念得到国内外同行的赞誉。王㐨先生还曾作为沈从文先生的助手，协助其完成《中国古代服饰研究》巨著。

　　王㐨先生的一生为中国古代纺织技术史研究和出土丝织品保护做出了卓越的贡献。

　　整理者王丹，王㐨之女，北京市文物局副研究馆员、中国文物保护技术协会理事、中国博物馆协会理事。曾担任北京市文物研究所技术室主任、北京文博交流馆馆长，现任北京石刻艺术博物馆馆长。1990 年参加工作至今，曾经主持北京房山金陵神道遗址保护、北京智化寺漆金木佛像修复、五塔寺大殿遗址须弥座保护等多项文物保护工程；与此同时，注重智化寺京音乐、石刻拓片等非物质文化遗产的保护和传承工作。

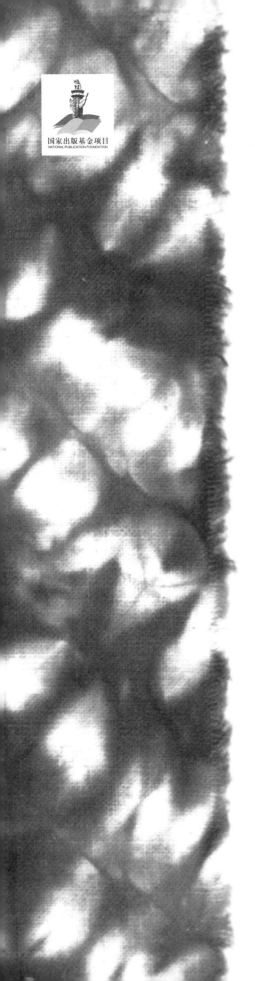

国家出版基金项目
NATIONAL PUBLICATION FOUNDATION

王㐨著　王　丹整理　北京燕山出版社

染缬集

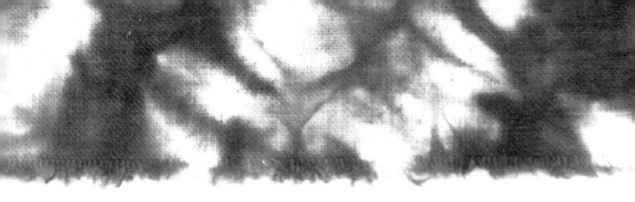

目录

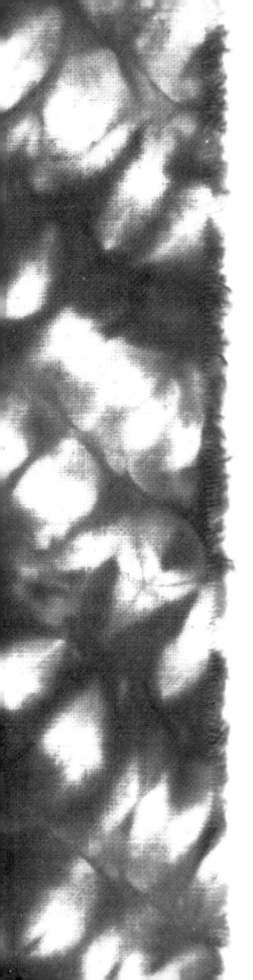

染缬集

上编　王㐨论著集

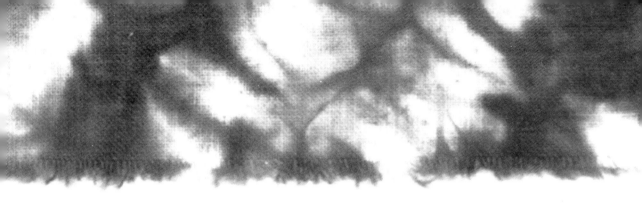

八角星纹与史前织机

在中国新石器时代出土的某些陶器上,饰有一种八角"十"字结构的心对称纹样,中心多作方形孔或圆孔,通常被称作"八角星纹"(以下称"八角纹")。它的形象是如此明了具体,可是它的含义却又神秘莫测。自1964年见于报道以来,这种八角纹在不同地点时有发现,但一直还未能得到比较合理、比较根本的解释,遂成为一个引人注目的问题。

粗略统计:饰有八角纹的陶器(或石器),至少有十余件之多(图1)。它们分属于好几个文化类型,如:

大溪文化(距今约 6200 ~ 5200 年)

崧泽文化(距今约 6000 ~ 5300 年)

大汶口文化(距今约 6200 ~ 4500 年)

小河沿文化(距今约 4000 年)

齐家文化(距今约 4000 年)

分布情况以长江中下游和黄河下游之间地区最为集中,向西伸展到河西走廊中部,向北偶见于黄土高原的东端,地域范围相当广阔。从时间上看,前后跨越 2000 年之久。而这些发现于不同地区、不同时期、不同文化的八角纹图形,却表现出惊人的一致,它们显然是规范化了的某种物件的标准形象。

(1)

(2)

(3)

(4)

(5)

(6)

(7)

(8)

(9)

(10)

(11)

(12)

(13)

(14)

(15)

(16)

图1：不同文化类型和时期的"八角纹"

(1) 大溪文化：白陶盘（印纹 M1:1），湖南安乡汤家岗出土

(2) 马家浜文化：陶纺轮（刻纹），江苏武进潘家塘出土

(3) 崧泽文化：陶壶（底划纹 M33:4）、陶盆形豆（刻划纹 T2:7），
   　上海青浦崧泽出土

(4) 大汶口文化：彩陶盆（M44:4），陶纺轮（划纹大 T3:1），
   　江苏邳县大墩子出土

(5) 大汶口文化：陶豆，山东泰安出土

(6) 大汶口文化：彩陶盆（M35:2），山东邹县野店出土

(7) 良渚文化：陶纺轮（划纹 M17:3），江苏海安青墩出土

(8) 仰韶文化：彩陶壶（P.1130），西安半坡出土

(9) 仰韶文化：陶纺轮（T2M8:1），江西靖安出土

(10) 齐家文化：晚期铜镜

(11) 齐家文化：石滕花（原名多头斧。T4:13），甘肃武威皇娘娘台出土

(12) 小河沿文化：彩陶器座（右为上视口沿花纹），内蒙古敖汉旗小河沿出土

(13) 殷代：青铜辖套（左），青铜踵饰（右），安阳小屯 M20 出土

(14) 夏家店上层文化（西周）：陶纺轮（M3:4），内蒙古宁城南山根出土

(15) 东周：铜车饰，江苏镇江谏壁王家山出土

(16) 战国：铜瓦钉两种，河南洛阳出土

鉴于八角纹在纺轮上的重复出现，除了装饰艺术的目的（如宗教、审美）之外，它是否还在向我们透露着史前时代的生产力水平以及生产工具的信息？特别是江苏武进潘家塘新石器时代遗址的陶纺轮上面的八角纹"正面图"和另一种"侧面图"〔图1-（2）〕，如同向我们展示了 6000 年前的两幅机械零件图。受到这种启迪，我们开始检点历代纺织机具的形象资料，自汉、晋、六朝、宋元明清，以至于现代民间纺织机具，终于解开了这种具有强烈个性的八角纹之谜。原来它是"台架织机"上最有代表性的部件之一"卷经轴"两端八角十字花扳手的精确图像。而齐家文化的八角形石器〔图1-（11）〕，正是它的立体模型或是当时常用的原物。如果和今日四川成都双流的"丁桥织机"相应部

图 2：四川成都双流现存丁桥织机上的羊角

件羊角（即滕花，图2）做比较，两者之间的一致性，更加令人惊诧不已！这种八角形织机部件竟然沿用了6000余年之久，其形制的稳定性，充分显示着在新石器时代，一种装置有定型化经轴的织机已达成熟水平。这是此前所不可想象的。

织机的经轴，不论古代还是现今民间（如安阳农村）一般都称之为"胜"或"滕"①。八角纹所反映的实体，是经轴两端的挡板和扳手，名叫"滕花"（河南），也叫"羊角"（四川），扳动它可以将卷经轴上的经线在织造过程中控制卷放。先民把滕花这一八角纹图形刻画到陶盆及纺轮上，看来绝非偶然即兴涂饰，它应是和纺织工艺有关的一种标记与象征。由于纺织机具是史前时代妇女的一项伟大发明，经轴的出现，标志着6000年前，没有机架的原始腰机（踞织机）已转变成有框架的织机。这项重要科技成就为此后的台架织机奠定了基础，这个叫作"滕"的部件，已成为织机和机织工艺的象征，满载着荣誉和男耕女织社会分工的标记而演化成妇女的首饰，如玉胜、华胜②，等等。所以《山海经》述西王母故事，描写这位显赫女性的华装盛饰时，说她"蓬发戴胜"、"梯几而戴胜"。注云："胜，玉滕也"，就是说头上戴了一支玉制织机经轴。这一点虽出自传说，其实反映的是一种传统。《后汉书·舆服志》说到皇太后、太皇太后参加朝祭大典的盛装时"簪以玳瑁为擿（释为掂，即经轴），长一尺，端为华胜（两头饰滕花）"，犹保留着远古以织机经轴华胜为饰表示对权贵妇女

①滕：《说文》"藤（滕），机持经者"，《广韵》"织机滕也"，今安阳小屯、小营均称经轴为滕。

②《荆楚岁时记》"人日剪彩为花胜以相遗，或镂金簿为人胜"，皆妇女首饰进一步衍化。曹子建《七启》"皇太后入庙先为花胜"。直到宋明，皇后珍珠饰冠作八角形垂件，仍为华胜。阿城金墓出金质华胜。

图 3：縢纹和西王母戴胜形象

(1) 縢纹（晋砖纹饰）

(2) 玉縢纹（见《金石索》）

(3) 嘉祥画像贵族妇女戴胜形象

(4) 沂南汉墓西王母戴胜形象

(5) 縢纹（邓县画像砖墓出土）

(6) 铧縢（江苏邗江出土）

的尊重意义。据《淮南子·泛论》"机杼胜复"，可以知道"胜"就是"縢"。《说文》："縢（縢），机持经者"，是织机的卷经轴。将经轴用为妇人首饰的资料，可从沂南汉墓西王母画像看到具体样式〔图3-（4）〕。另一有趣的例子是北齐孝子棺线刻孝子董永故事，其中降临人间的天孙织女，手中就只拿了一支织机的经轴縢，便点明

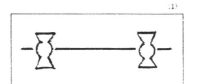

(1)

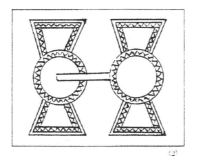

(2)

(3)

(4)

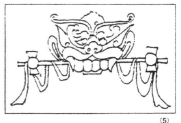

(5)

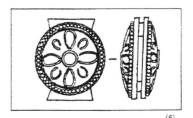

(6)

了这位女主角的纺织专家身份。其象征意义和在纺织机械中的重要地位于此可见一斑。至于用金玉材料做成的首饰实物，以往在汉、晋墓葬中亦有出土，形制趋于小巧〔图3-（6）〕，已失去传说西王母画像发间横贯经轴、端饰绘縢的那种经纬一方的威仪。意味深长的是，在现代少数民族的纺织刺绣图案中，这一古老八角纹仍旧盛行不衰，但是人们多已忘记了它在纺织机具发展史上成就的本意。

至此，可以说这个令人迷茫的"八角星纹"所传载的远古信息，已经得到基本的破译：它反映的实际事物是定型化了的织机经轴"縢"的形象，应命名作"八角縢纹"。这就提出了一个新问题，在新石器时代的大溪、马家浜、崧泽、大汶口等诸文化类型时期，是不是已经实际应用着比原始腰机更为进步的一种织机了？也就是说出现了定型化的经轴，是否便标志着有机架的织机已经诞生？答案是肯定的。据专家研究，现存于少数民族中的所有原始腰机，或不用经轴，或经轴极其简陋（不过是一根木棒而已）。只有产生了有架的织机（如水平坐机）之后，"经轴才定型化，并且装置在机架上"③。这个结论是正确的。可以判定在6000多年之前，我国先民凭借着石器时代的工具，完成了原始腰机向有架织机的变革。这是何等了不起的一项技术成就！这是我们从八角縢纹中获得的一份古老而崭新的答案。

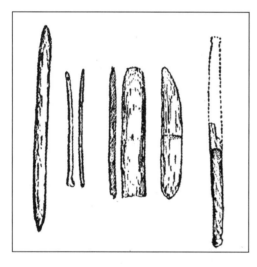

但是，这种有架的织机还有些什么构件，框架又是什么样子，在上述文化范围内却找不到有关实物或形象资料。我们沿着文化叠压关系向上追溯：在长江下游浙江余姚系河姆渡遗址出土了一批木式的织机部件（见《考古学报》1978年1期、《文物》1980年5期），专家们根据实物分析研究，认为它是距今7000年前，箕坐而织的水平式原始腰机（踞织机），形式与云南晋宁石寨山出土的汉代贮贝器上的腰机差不多，并做出了复原图〔图5-（1）〕和

③参见宋兆麟、牟永杭：《我国远古时期的踞织机》，载《中国纺织科技史资料》第十一集。

图 5：浙江河姆渡遗址出土织机的复原

(1) 复原方案

(2) 河姆渡遗址出土的分经筒

评价④。可是从河姆渡同一层位出土的某些未被注意的实物来看，当时织机的形式，可能比以上的估计要进步得多。如第一期发掘简报（《考古学报》1978年1期62页）提到的"木筒七件，形似中空的毛竹筒，系用整段木材加工制成，内外都错磨得十分光洁。……器形精美。用途不明。标本 T17④：23，长 32.6cm、径 9.4cm、壁厚 0.7cm〔图 5-（2）〕。器壁均匀，外壁近两端处缠有多道藤篾类圈箍，金黄闪光，绚丽夺目"。度其尺寸与形式，它应是织机上的"筒式后综"（或叫作"分经筒"）。此外还有十八件木棒，最长的达40cm，是否还有综杆绞棒之类尚可进一步鉴别。

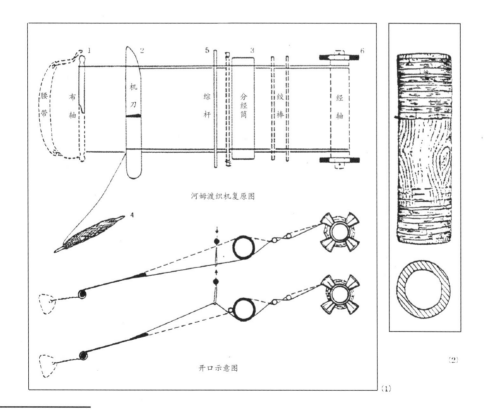

河姆渡织机复原图

开口示意图

(1)

(2)

---

④参见宋兆麟、牟永杭：《我国远古时期的踞织机》，34页～38页，载《中国纺织科技史资料》第十一集。

(1)

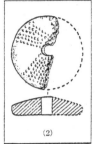

(2)

(3)

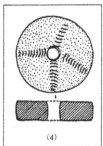

(4)

(5)

(6)

(7)

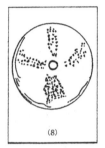

(8)

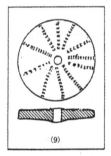

(9)

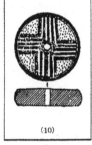

(10)

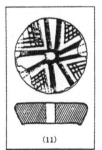

(11)

(12)

(13)

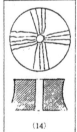

(14)

(15A)

(15B)

(16)

(17)

(18)

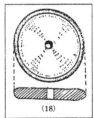

(19)

图6：器物上的滕纹

(1)~(3) 陶纺轮（T235④：102；T16④：13；T32④：65），浙江河姆渡出土

(4) 陶纺轮（T804:8），江苏邳县刘林出土

(5) 彩陶钵，江苏南京北阴阳营出土

(6) 石纺轮（M35:1）

(7) 彩陶壶，陕西宝鸡出土

(8)~(9) 陶纺轮，辽宁大连郭家村出土

(10) 陶纺轮（T9④：20），湖北宜昌中堡岛出土

(11) 陶纺轮（T6：3），甘肃武威皇娘娘台出土

(12) 陶纺轮（1T1④：4），辽宁大连郭家村出土

(13) 彩陶豆（M47：10），甘肃武威皇娘娘台出土

(14)~(17) 陶纺轮，福建闽侯昙石山出土

(18) 石纺轮（M24:3），贵州威宁中水汉墓出土

(19) 滕图，据薛景石《梓人遗制》华机子部分

更为重要的是，第二次发掘出土的一件陶纺轮（T235④：102）面上阴刻"十"字形花纹，中部圆圈内穿孔。这个圆形，也是织机经轴的一种定型"滕花"形象，而且也自成系统（图6），若和汉代织机及前面提到的北齐石棺画像织女手中所持经轴的滕纹形象比较，则一脉相承。这使我们有理由得出结论，河姆渡文化时期的织机，也已经出现了装置定型经轴的框架织机。根据现有的资料，参照专家研究成果，这里把它的机芯部分和开口方式重行复原〔图5-（1）〕，而机架的形式则只能做如下推测：

一、近于汉代织机形式的"台架织机"。

二、近于现代云南文山苗族的"梯架式织机"。

后者是有架织机的一种初级形式，只有承置经轴和控制提综的竖向梯架，还没有横向的机台，或者说是从踞织腰机向台架织机的过渡形式。从机芯部分观察，河姆渡织机与文山苗族梯架织机非常相似，第二个推测方案比较合理。

我们知道，马家浜文化，包括崧泽文化，来源于河姆渡文化，从纺轮上的滕纹考察，两者差别小而共性大。滕纹都作"十"字形，功用也相同。

综合以上的分析研究可得出进一步的结论。7000 年前河姆渡文化时期的纺织手工业中，已经产生了"梯架式织机"，这种织机的完备程度，也许会超出我们的意料。只要我们考察一下河姆渡遗址显示的带榫卯的木结构干栏式建筑技术，便不会感到突然。

国内外专家们曾经评论说，20 世纪的后半叶，是中国考古学的黄金时代。以新石器时代而论，近三十年来田野发掘提供的大量新资料，使各地原始文化的面貌日益明确。长江、黄河两大水系的宽阔地域中，已形成以农业为主的空前发达的综合经济，定居生活相当稳固，边缘地带已有了畜牧业，原始手工业（制陶、纺织工艺）也得到极大发展[⑤]。在这个整体背景中出现了纺织技术突破性的改革，在原始腰机的基础上，创造出"有架织机"是自然而然的。它的历史价值和意义如下：

（1）有架织机可能在长江下游东南沿海一带于 7000 年前就已经存在。

（2）有架织机的创用和经轴位置的抬高以及对经线卷放的控制，使经线保持整列度以及匀称张力的功能大大提高，经线上机长度也大为增加，使机造细密的长丝织物有了可能。

（3）机架的产生，使织工的两足得以参与织造，并发挥技巧，为后来织机的完善、高级织物的生产奠定了基础。

（4）有架织机的出现，使生产力大为提高，可能影响到纺织纤维原料由采集为主向种植放养的过渡。

（5）有架织机的出现有可能是史前先民最初制造的机械设备，其主要部件结构已然是现代织机的基本模式，对琢玉机床、轮车的发明必然产生影响，抑或为机械史的开端。

总之，新石器时代有架织机的出现是考古发掘的重要收获之一，在纺织技术史上为我们揭开了新的篇章。

补记：

据王先谦《释名疏证补·释首饰第十五》："华胜：华，象草木华也；胜，言人形容正等，一人着之则胜。王启原曰吕本则胜下有也字。苏舆曰《玉烛宝典一》引云：花，象草木花也，言人形容政等，着之则胜。《御览·服用二十一》引，亦云：花胜草花也，言人形容正等，着之则胜。"

---

⑤ 距今 6000 年，江苏草鞋山遗址已发现纱罗类织物。浙江吴兴钱三漾出土绢织物 48 根 ×48 根 /cm²，距今 4700 年。

予按：观此则知汉末刘熙时，言华胜即已不得其详，其名失之于义已久矣。

《释名疏证补·释首饰第十五》：蔽发前为饰也；成蓉镜曰《后汉书·舆服志》：簪以玳瑁为擿，长一尺，端为华胜。师古注：胜，新妇首饰也，汉代谓之华胜；《荆楚岁时记》云：正月七日，镂金箔为人胜以贴屏风，亦戴之头鬓。又造华胜以相遗。

予按：华胜之华应加研判，与华表之华，或为中原之氏族真正之华标也。

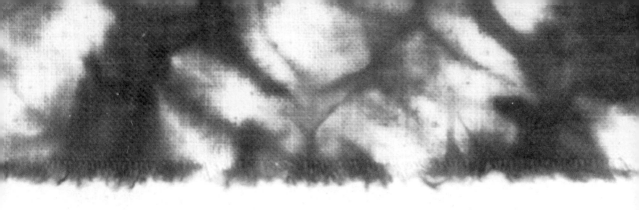

马山楚墓出土的锦、绣

　　春秋战国时期，社会经济、政治各方面发生了许多重大改革，新出现的铁工具逐渐得到推广应用，农业、手工业生产有了很大发展。以丝麻为原料的一般纺织生产也空前繁荣起来。而高级丝绸工艺技术的提高更是突飞猛进。这种情况也和当时诸侯争雄、邦国林立、政治经济发生激烈竞争密切相关。社会上层统治者及其臣属、嫔妃形成一个巨大的奢侈消费集团。食必粱肉、衣必文绣自不待言，甚至连宫室狗马也无不锦绣被体，即国与国间的聘问往还、馈赠礼品也要使用大量美锦文绣，其耗费数额之大十分可观。为了解决政治、战争问题，如请盟求和，竟然也要用到纺织刺绣的生产者——执针、织纫工奴和"女工妾"作为贿赂品，动辄数十数百人（见《左传·成公》楚人侵鲁事；《国语·晋语》晋人伐郑事）。在这种风气中，高级丝绸的消费量急剧增长，促使这一时期官私纺织、刺绣高级工艺品的生产规模日益扩大。工人之众、产品之精美新奇都达到前所未有的水平。史称陈留襄邑出美锦，齐鲁的罗纨绮缟和刺绣名噪天下。但我们过去却少有实际知识。在20世纪80年代以前半个世纪时间里，虽然也曾有少量锦、绣实物出土，但资料较零星分散，还难以有一较全面的印象。

　　1982年，湖北江陵马山楚墓发现一批古丝绸织物，品种极其丰富，包括春秋战国时期

图 1：大几何纹锦纹样：D 型
图 2：大几何纹锦纹样：E 型

的锦、绣、编组、针织各个主要门类，而且在工艺技术和装饰艺术方面都具有相当充分的代表性。

　　出土彩锦约可分作两类：其中多数是商周以来采用经丝起花的经锦和一些变化形式，少数为纬丝起花的窄带织物。

　　经锦：实物幅宽一般在 45cm ～ 51cm 范围，约合当时二尺至二尺二寸，是比较标准的幅面尺度。以深色地浅色几何花纹的"菱纹锦"、小花型规矩纹锦为常见。这种纹样延续时间较长，到西汉时仍照样生产（图1、图2）。另一种形式的是丙丁纹间道锦，以及凤鸟、凫鸭纹间道锦（编号N-3束带、N-5衾面），锦面采用经丝分区法布色，即先把经丝分别染成不同颜色按条纹状排列，再上机织造显示花纹。染色除用植物染料外，还使用朱砂颜料涂染到经

图3：舞人动物纹锦纹样

图4：龙凤大花纹彩绣

丝上，织出的花纹色调非常鲜明，富于对比变化。1957年在长沙左家塘战国墓也出土过同类织锦，都是涂料染色织锦的较早标本。此外还有采用"挂经法"和纬丝换梭、局部形成纬花等办法，来改善和丰富经锦小花纹的表现力。较突出的例子是：双人对舞鸟兽纹通幅大花纹经锦（编号N-4衾面，图3），图案横向分段织出双龙、双凤、对虎以及双人对舞等不同花纹，装饰华美。通幅大花纹织锦，过去在东汉织物中曾有发现，而西汉马王堆墓葬中却未见出土。人们曾据此或以为西汉时大花纹织物尚未形成，现在证明战国时期已具有相当完善的提花装置和先进的织造工艺，这由纹样错位直贯终匹而得到肯定。

纬花窄带织物：这是专用于缘饰衣领并且可以随时更换的一种华贵装饰织物，有三四种类型。此外在衣缘处，还发现提花针织品。据发掘报告作者研究可能是棒针织成。古称天衣无缝，若用针织品做成衣服，必非虚言。它可能为迄今所知最古老的针织品之一，为我国纺织技术史增添了新的篇章。

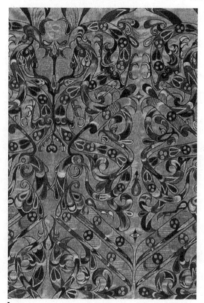

自古虽然锦绣并称，但由于刺绣完全是手工技巧作品，艺术价值和经济价值都比当时的织锦高出许多。先秦贵族的服装，无不以刺绣为尊贵。《诗经》中尤不乏例子。特别是《尚书·益稷》提到的十二章服所谓黼黻文绣之美，一直受到历代统治者和舆服制度纂订部门的重视。但到西汉时，人们已不十分清楚。马山楚墓出土物中最为精彩动人的便是许多大花纹刺绣品，总数不下二十余种，使我们对古代画绘五色文绣之事，得以获得许多具体的新知识。谨摘其要者举例如下：

龙凤大花纹彩绣纹样：本例选自编号N-2衾被。原物以刺绣零头材料杂缀成，故花纹不完整。但辉煌壮丽的艺术效果仍然光彩四溢不可掩蔽。经摹绘复原之后，

16

图 5：龙凤虎纹彩绣

才看到纹样的本来面貌，也更见出设计布局的大派和雄浑气势（图4）。图案以龙凤为主题，单位纹样左右对称，但设色两边相反。以花纹密集形式构成长方形块面，长约80cm，宽约45cm。在对称轴一侧，花纹配置一大龙居上，体态蜿蜒如游蛇，盘曲呈"弓"字形。巨口细尾，张牙吐舌，上颚夸张地向前伸展具典型性。头上有冠、角，角后鬣鬃竖立。有四足，足三爪。身躯全长达96cm，形象遒劲生动而具体。其间尚攀附一仅具两足的小龙，蜷身回首与之呼应。两龙的体式，恰和十二章服制中所谓"两己相背"、"两弓相背"的黻纹形容相合。下部花纹为一大凤，长冠曲颈修身卷尾，羽翮高扬做凌空飞逐之状。翼下则有一妩媚幼凤依傍相随。而大凤的利喙似即将衔住大龙的尾梢，龙则强烈做出挣扎反应。如此一幅情景，使画面充盈着生命、搏斗的力量，且富有世情味和戏剧性。其中寓意跟后世的"龙凤呈祥"、帝后象征一类内容却不大相干。

纹样的中上部，骑轴线为一花树。花树之上两龙首相拱处，嵌了个鲜明金黄涡轮纹；若这代表的是太阳，花纹设意或与《山海经》中"九日居下枝，一日居上枝"的扶桑树故事相关联。在轴线下端凤尾处，相应又有个浅淡灰绿色涡轮花纹，看来像是一面圆月的形象。

图案用色也比较复杂多变，尤其在明暗色调对比方面见出其长处。现在看到的颜色，至少还有八九种之多，如深蓝、棕绿、灰绿、蛋青、紫红、深褐、金黄、粉黄，等等。其中以蓝、紫、褐色保存得最好，在染色工艺上必相当讲究，至今还显得深沉明快旧里透新。

纹样的排列关系，采用了先秦两汉最通行的一种格局，即将单位纹样填入"龟背格"框架中组合成面饰。虽然形式简单，运用起来却可以千变万化争新斗奇。

龙凤虎纹彩绣纹样：实物是一件绣罗单衣，编号为N-9。由于地子呈半透明状态，花纹空间布局疏朗，整体效果浑似青铜器铸成、金银打就的镂空浮雕一般，如放大做建筑装饰必定更为壮观。特别是图案中布置的两两相对昂首长啸的虎纹，周身用朱、黑二色做旋转条纹，斑斓彪炳，威猛而秀美，真可谓是虎虎生风的杰作（图5）。

图案的单位纹样较前者为小，以一凤二龙一虎组成。长30cm左右，宽约21cm。颜色

图 6：鸟形纹彩绣

有朱砂、黑、绛红、深褐、土黄、粉黄、米色（近白）等七八种。虎纹配置于左上角，而右下角却突破单位格子甩出一金钟花形凤冠，长约 10cm，做单位纹样间搭接勾连的纽带。凤鸟的两翼做一字张开，压在另一条对角线上，这是巧妙的一着。当单位纹样左右对称、前后移位并按"方格网"框架组合成面饰之后，整个局面就为之一变。由凤凰展翅做成的对角大斜线把图案另加分割，拼对出一个较大的"联合单位"。即划取四个基本单位各自的二分之一，组成新的大菱形格子，两虎并立其间。从整个画面上看去，时或相背，时或相对，真如"猛虎在山"，平添出无限生机，美妙到不可言地步。

鸟形纹彩绣：见于 N-10 袍面。淡黄绢地，绣线有深蓝、翠蓝、绛红、朱红、土黄、月黄、米色等。单位纹样近竖长方形（一侧呈阶梯状），长约 60cm、宽 25cm（图 6）。下部做正面鸟像，张两翼为舞步，头上华冠如伞盖，两旁垂流苏，仿佛一靓妆繁饰女巫。翅膀上曲部分复做成鸟头形状，其一更生出花枝向上曼卷，至顶反转倒挂长长三花穗呈丽组长缨结玉佩陆离之形。画面五彩缤纷，如烘如炙，遒媚温润之中散发出奇异诡谲气氛，使我们深深感受到楚文化的魅力和情调。

图7：对龙凤大串枝彩绣

对龙凤大串枝彩绣纹样：选自编号N-7衾被。这是一件超级刺绣艺术品，不独工艺异常精美，花纹之大也是出土织物中前所未见的（图7）。

被面以绢为地，呈桑黄色。花纹色彩有深蓝、天青、绛紫、金黄、淡黄、牙白等六七种。布色重对比，通体以冷色为主调，极典雅。单位纹样由四对凤纹、三对龙纹构成。左右对称，纵向以植物枝蔓做S形串连，上部轴线处，用个三角形花纹将两列龙凤合总，形成全对称竖长方的大单位格子，长约181cm，宽45cm左右，以整幅丝绸加工刺绣成匹料。使用时可以取单位横移形式拼接成巨型带饰，也可以交互或颠倒拼幅组成面饰。两幅之间用花绦络缝，其工艺的讲究也是无匹的。

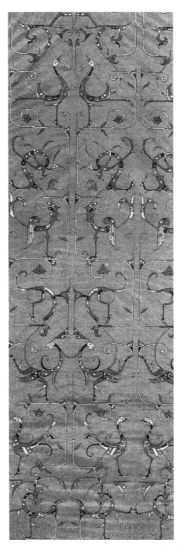

图案设计格调极高，龙凤的造型既有写实感，又具抽象性。其中一对龙纹仅各有一足一尾，由一线相引和一对凤纹连体；而另一对凤纹，则只具一翅一爪，以中腰一线与上部龙纹合身。此外，龙身而凤距、凤身而龙爪例子也可互见。艺术构思自由、大胆而充满幻想，但又情韵绵密格律谨严。特别是凤纹的造型，"竦轻躯以鹤立，若将飞而未翔"，全然是一副柔媚女子绰约秀拔、风力爽俊仪态。也许内容所本和以上龙凤纹样原不相同，情节是重复地和谐相连却少争斗。龙纹自身也少有蛇的形貌，而凤也一洗鸷鹰气，则更近于鹤、鹭样子，或许也就是古籍所称"羽毛光泽纯白，似鹤而大"的长颈鸿鹄（天鹅）。当这两形象交织到极富节奏情感背景中时，乍离乍合，以遨以嬉，美丽动人处，唯有今日冰上芭蕾才能得其仿佛。从中，我们对曹植《洛神赋》关于"翩若惊鸿，婉若游龙"赞美女性的形容也得到新的理解。

车马田猎纹纳绣：这是专用于缘饰衣领并可随时更换的一种华贵饰带。马山墓出土三四种，其中N-10衣领外侧一片最为精美。这种绣带宽约6.8cm，纹样长度在17cm

图 8：车马田猎纹纳绣针法示意

左右。采用对顶针、纬向纳绣显示花纹的方法绣成车马一乘飞驰前行，车上驭手一，挺身昂首束腰端坐驭车；前立一人为射手，正执弓控弦做引而待发之状；车尾彩旗飘扬，车前有狂奔之鹿和中矢回首之兽；车前下侧一勇士执盾转身搏猛虎，后下侧又一人持短剑或匕首与困兽格斗。如此方寸之地竟做出一派楚云梦田猎景象："陵阻险，射猛兽"，"搏豺狼，手熊罴"，"箭不苟害，解脰陷脑；弓不虚发，应声而倒"，"割鲜染轮"。这些写实而具有戏剧性的情节，却安排在极规整的二方连续菱形格架中，其间山泽坑谷、茂林长草，均以几何图形做象征表现，使动静对比、节律与速度感分外强烈。色彩应用似繁而简，在沉香色地上仅用棕红、金黄、翠蓝三色绣线便能做成非常华美的效果。这种绣带或即是《汉书》贾谊《陈政事疏》所说，本是帝王皇后"以缘其领"，到西汉时富人大贾、庶人婢妾"缘其履"的"偏诸"。唐人颜师古作注："偏诸，若今之织成，以为要（腰）襻及褾领者也。"其上绣作车马骑从之象，或称作"车马饰"。论刺绣技术不为难，但工艺要求特别精严。制作时须先以合股丝平织一带，宽 6.8cm，排列经丝 222 根，每平方厘米经密 32 根、纬密 18 根左右，于两纬之间顺纬向纳缕绕经刺绣花纹，这种针法表面看非常像纬线显花的织锦，而遮盖力强、纹线纯净鲜明。由于在带上满地绣作，过去我们都误认为是一种特殊的纬花织物。直到最近为复制 N-10 绣衣，一接触实践才发现，所谓的绕经纬花织物是绝难在织机上提花织造的，唯有在平织带上绕经刺绣才是最可行的。但由于密度的关系，要求绣工要有极好的目力，非常细心，数着布丝，一针不错、一丝不苟地进行纳绣。一个单元大致要二三十个工。设若八个单元一条领带，则需大半年的时间方可完成，不说设计的智巧，只计算劳动量就令人惊骇！

其价贵比黄金。就外观而言，它酷似织锦，胜似织锦，但到底不是织锦。如果要有一个命名，可称之为纳锦绣或纳缕绣。王充《论衡·程材篇》提到"刺绣之师，能缝帷裳；纳缕之工，不能织锦"。"纳缕"作为"刺绣"的同义语或可以作为命名的参证。针法（图 8）和后世的纳纱、戳纱法实有一定的联系。

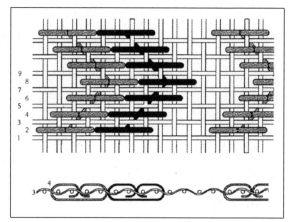

在以上数例中可以看到，战国刺绣工艺，不论技巧、装饰设计均已臻高度成熟。尤其是纹样的构思创作，充满抒情幻想和生命力。在处理纹样结构、造型方面抽象中见具体，大胆而不蛮，处处见功夫，达到多不可减、少不可逾的地步。刺绣花纹的骨架则多取"己"字或"弓"字形，对称相并是主要形式，或许它就是上文所引述的著名"黼黻"绣纹的基本面目。

纹饰整体布局和局部细节处理，重对比而结构谨严，如纹与地、深与浅、线与面，面中的点，皆积累吸收了其他工艺的长处。效果上和当时金银错工艺相通，和江陵等地出土战国彩绘石磬花纹风格也相一致。在虎身纹饰的转动线纹上，也可见出琢玉工艺蚩尤环表现方法。

值得注意的还有图案结构技术。单位纹样的组合多取对称阵形，但能避免商周铜器花纹的过分严肃和呆气。一般可理解为先直移组成带饰，带饰之间滑移二分之一单位向量，拼成面饰，或反转对称搭接勾连往往形成新的联合单位图形，造出千变万化局面。这种反转对称方法，能以最小单位纹样造成大出几倍的花纹。其技巧或受到编织、纺织提花的启发发展起来，值得进一步总结学习，是一份可以从中得到教益的文化遗产。

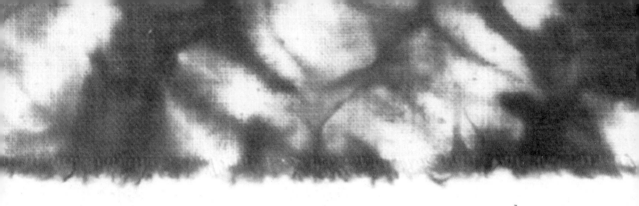

汉代丝织品的发现与研究

两汉时期的丝织品遗物，过去曾在河北怀安，山西阳高，甘肃武威、敦煌，内蒙古额济纳，新疆楼兰、罗布泊等地有所发现，此外，在朝鲜平壤南郊（古乐浪遗址），蒙古诺音乌拉（古匈奴墓），苏联南西伯利亚叶尼塞河左岸奥格拉赫提（公元前5世纪到公元2世纪古墓）、克里米亚半岛的刻赤（公元1世纪遗址），幼发拉底河中游罗马边城杜拉-欧罗波，以及叙利亚沙漠中的帕尔米拉等地也有出土。从20世纪20年代以来便有不少学者关注，并做了一定的研究，中华人民共和国成立之后，四十年来，考古工作有了很大的进展，先后又在内蒙古扎赉诺尔，新疆民丰、楼兰，甘肃武威，河北满城，湖南长沙，湖北江陵凤凰山，北京大葆台，广州象岗山等地发掘到一些东汉和更多的西汉时期的纺织品遗物。其中特别重要的是1972年长沙马王堆一号西汉墓，以及1983年发现的广州南越王汉墓的丝绸织物，数量大、品种多，前者保存又比较完好，是考古发掘中罕见的收获。这些新资料极大地开阔了我们的眼界，丰富了感性认识，推动了研究工作，取得了新的成果，使我们对两汉四百多年的丝织工业概貌和科学技术水平得到一个比较确切、深入、全面的了解。兹将一些重要的发现和研究分成几个专题例述如下。

丝织物及其研究

考察现有出土资料，汉代的纺织品遗物以丝织品占绝大多数。从组织上划分，有平纹

图 1：平纹和经重平组织

的绢、缣、方目纱等；素色提花织物有各种纹绮、纹罗；重经组织（用经丝织出各色花纹）的彩锦、起毛锦等。此外，还有少数的组、绦、丝履编织品。

一、细绢

绢是普通的平纹丝织物（图 1 左），当时生产量相当大，出土数量也最多，有粗细疏密多种规格。细密的称作纨素，粗疏的叫作缯，细薄的则叫绡。其中以满城一号汉墓（公元前 113 年）发现的残片（编号 F-1）为最细密，约每平方厘米经丝 200 根，纬丝 90 根，外观淡灰绿色，看去平滑如纸，几乎不显织纹。据测量，经丝投影宽 0.04mm～0.05mm，丝束匀细，组织紧密。绢面略显横向垄状凸纹（rep），质地非常细薄光洁。再是南越王墓（约公元前 122 年）出土的素绢（编号 S27），其密度接近每平方厘米经丝 300 根，纬丝 90 根，经丝投影宽仅 0.02mm，呈香黄色，表观只见经丝，纬丝掩而不显。缫纺织造技巧令人惊骇，真可谓是"鬼斧神工"。同出的绢中经密在 200 根以上的还有编号 S30：$200 \times 76/cm^2$；S23：$240 \times 74/cm^2$；S14：$260 \times 62/cm^2$；S11：$280 \times 100/cm^2$ 数种。在同类织物中，它是迄今为止我们知道的最精致的标本。其次还有马王堆一号汉墓 442 号香囊，绢的密度每平方厘米为经丝 164 根，纬丝 70 根。在同出的百余件绢料衣物中，经密超过 100 根以上的近 40 例，这些织物精白鲜洁、透明薄滑，非常密致。缫丝、织造都是高精度、高难度的。故仅见于上述贵族墓中，它们应是当时平纹织物的绝代产品——汉代文献称颂不已的"冰纨"。

二、缣

照现代说法，缣是一种"经重平组织"的平纹织物，由单经双纬交织而成，在我国纺

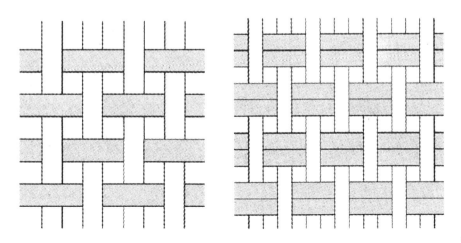

织史上出现较早。据文献记述："缣，并丝缯也"；"缣，兼也，其丝细致，数兼于绢"，又说"缣之言兼也，并丝而织，甚致密也"，都简要地指出了它是双丝平纹类于缯、绢的织物，并且还表明它能够织造得非常紧密，故而断定它是单经双纬的平纹织物。但是缣这个名称始于汉代，自唐以后可能有所改易，其本来面目渐为人们所不识。

1968年，在满城一号汉墓的玉衣中，找到一块极小的织物残片（编号F-9）。经鉴定为单经双纬平纹组织，每平方厘米经丝75根，纬丝30"双"（或称作"对"），两根经丝四根纬丝构成一个组织循环，特征全同平纹组织，只是由于经丝浮长，织物表面产生了纬向畦纹（图1右）。此现象会随着经密的加大或纬丝的加粗而更显著。1972年又在马王堆一号汉墓发现了一件缣制的土珠囊（编号327-1），每平方厘米经丝72根，纬丝26双，两标本密度相仿佛。分析其上机条件，与普通平织的装造完全相同，关键在于投纬，须把平行相并的两根纬丝一次织入一个开口。推测可有三种方式：（1）一个织口内双梭投纬；（2）投纬工具中装设双纬管；（3）在一个纬管上并绕双丝投纬。上法都能使两根纬丝在织口中双丝并行不绞，但以第（3）式较为省便。这在汉画像石纺织图中也可找到一点踪迹。有的画面，机旁络纬者正在从两个篗子上向一个纬管并绕双丝，反映的恰是织缣的情景，可以认为原本是一幅织缣图。

据标本分析，这类织物多采用生丝织造。生丝是由十数粒蚕茧的单根长丝并合缫成的，通常并不纺捻，于织成之后再进行煮练脱胶等后处理，脱胶后的丝束会完全散开，变得柔软又富于光泽，但成品的双丝关系便随之消失或趋于模糊。因此大多数缣的外观，就容易和那些经密过高于纬密，纬丝倍粗于经丝，也具有横向凸纹的缯、绢相混淆，以至于难以分辨。只有未经脱胶或脱胶不甚充分的生坯、半生坯，双丝特点才较明显。这也是出土缣、绢不易区别的具体缘故。甚至一些出土时即标有原名的实物，如"任城国亢父缣"、"土珠玑一缣囊"，鉴别起来也发生了困难，一下捉摸不着"并丝而织"的真相，只得到一个经丝很为密致的表面印象。密致坚牢确实也是此种织物的优点之一。故宜为囊袋或可盛水。然而更重要的还在织造方面，它与经密相同的绢素相比，因一次投入双纬，可获得较大的织造速度，也就是工艺上还具有生产效率高的优点。

《古乐府·上山采蘼芜》："新人工织缣，故人工织素。织缣日一匹，织素五丈余。将缣来比素，新人不如故。"故事反映的技术情况，主要是工艺效率的比较。因为织缣每次开口是投双纬，织速应当高，但新人日织量只能织到四丈（一匹）。而织素（绢），每次投单纬，速度理应慢，故人却能日织五丈余，相比之下，遂有新人不如故人之叹。这是合理的解释，对于我们认识古代的"缣"，也比较有意义。

三、绉纱

汉代的纱，是一种孔隙很大、轻薄透明的平纹丝织物。一般由生丝织造，经纬丝都加纺捻。当时称之为"方空"或"方目纱"。如 1972 年武威磨嘴子 48 号汉墓出土的素色方孔纱即属此类，绉纱也是一种平纹"假纱罗"织物。但不同的是经、纬丝都很纤细且经过了纺捻加工。而排列、捻向有点变化，成品表面则呈现出细小柔和的皱纹和大于丝束的方孔，使织物透明而具有烟雾感。以马王堆一号汉墓出土的实物最有代表性。成幅的织物有 7 件，最大幅宽为 50cm（合汉尺二尺二寸左右），窄者 47cm。以绉纱制成的衣服也有六七件之多，其经纬纱加捻每米 2500 ～ 3000 回。经丝 Z、S 向不规则排列，纬丝捻向一律为 Z 向，经密每厘米 58 ～ 64 根，纬密每厘米 40 ～ 58 根，厚度 0.05mm ～ 0.08mm。用这种绉纱制成的一件直裾单衣（编号 329 - 6），出土后还保存得非常完好，身高 128cm，袖通长 190cm，包括用起圈纹锦做的领缘袖口在内，总重量仅 49 克。另一件曲裾式的（编号 329 - 5）仅 48克，其密度为 $62 \times 62/cm^2$，经纬丝投影宽 0.03mm ～ 0.04mm，丝束匀细，条份经计算约为11.2denier。另外，磨嘴子 62 号汉墓（编号 27）男尸裹发的巾帻，也是这类绉纱，精致程度两者相仿，都是当时的高级平纹纱织物。

四、绮

《说文》十三上，"绮，文缯也"。元人戴侗解释说："织素为文曰绮"，它是由一组经丝和一组纬丝相互交织的本色或素色提花织物。通常在平纹地上斜纹本色起花（斜纹地起斜纹花的少见）。这种织物，最早见于商代出土物中，汉代特别盛行，以往许多地点曾有出土，近数年又有新的发现。据夏鼐先生研究，汉绮主要有两种组织形式。

1. 平纹地上花纹全由经斜纹显示的绮。这种织物，专家对其结构称为"类似经斜纹组织"，即提花部位的每一经丝都是三上一下（3/1 斜纹组织），经丝和纬丝的交织点斜排如阶梯，整体花纹全由经丝浮长在平纹地上表现出来，而背面相反，是全由纬丝显示花纹。如果幅面较窄，经丝总数适当，花纹不怎么复杂，这种绮，或可以在平织机上用"挑织法"织造。至于宽幅（50cm 左右），大些的花纹，或比较复杂的，则须两片平织综再加十几，甚至几十片花综或别的形式的提花装置才能织造。此类绮，在新疆民丰出土遗物中，有东汉时期的本色鸟兽葡萄纹绮和菱纹绮。最近又在楼兰发现菱纹格对鸟绮。据目前资料来看，

图2：新疆尼雅出土菱纹绮

后两种绮，有可能不是东汉织物，却很像是西汉时期的产品。

2. 在平纹地上每隔一个平纹组织点才有一个经浮长斜纹织造花纹的绮。这种结构，专家把它叫作"汉式组织"。花经也是三上一下，与之相邻的经丝，却不像前一种那样也是一个斜出的经浮长，而是一个平纹组织点，单位图形如此"十"式，循环斜排构成花纹。冷眼看去，它是平纹和斜纹混合显花，实际上它仍是一种平组织，或平纹变化组织。表观由于练、染脱胶，浮长经丝束松散，会将相邻平纹经组织点遮掩，有时会把它和前一种完全由经斜纹显花的绮混同起来。这是在观测时要多加注意的。"这种组织形式的绮，过去曾在中国新疆罗布泊、蒙古诺音乌拉、叙利亚的帕尔米拉等地有所发现，后来在中国尼雅，最近在嘉峪关、马王堆（编号340-25）……又有新的发现。尼雅出土的菱纹绮，它的花纹保存得不完整，夏鼐先生部分地做了复原（图2）。现存纹样主要是一个大型菱纹两侧附加两个小菱形组成。菱形内部又有上下对称的树叶纹；菱形横向空间也布置有对称心形树叶纹。花纹组织循环略高（绮幅的纵向）为3.9cm，宽度现存8.2cm。这样，花纹组织循环纬丝72根，经线残留部分有500根左右（图中绘出247×2 = 494根）。一般汉代素绢幅宽为汉尺二尺二寸，约合50.6cm。以上幅宽计，总经丝数当达3162根左右。这样宽的幅面，花纹又繁复，织造须有综框或别的形式的提花装置，不能依靠挑织。经密为每厘米66根。为避免提花时纠缠，可能已采用"竹筘"，除两片平织综外，尚需提花综36片（共38片）才能织造。推测它采用提花装置。可从织物一根经丝失控，一错到底只织成平纹现象得

以证明。如果是挑织，会及时得到纠正，不会出现这一纰病。这在战国织锦对舞人龙凤锦的错版终匹的实例中也可得到相同的取证。这一点可使我们据以肯定当时已有程序设计的提花装置在织机上使用，尽管我们还不能指明它的具体形式。

马王堆出土的西汉纹绮，计成幅的三件。做衣物用的也有数件，都是

三上一下斜纹起花平纹地的非"汉式组织"。依花纹不同可分为两种：

其一，小菱纹绮，共两幅（编号 340 - 1，编号 354 - 19）。密度为 $40 \times 30/\mathrm{cm}^2$，花纹由粗细线条构成虚实两种菱形。实纹 14 个一排，虚纹 13 个一排横贯全幅。纵横呈连续相间（互嵌）排列。每个图样单位长宽 $3.2\mathrm{cm} \times 2.8\mathrm{cm}$，一个花纹循环以对称减半法控织，有经丝 60 根，纬丝 48 根。当时若用平纹织机（素机）手工挑织法和不太复杂的提花装置都可以织造生产。

其二，对鸟菱纹绮（编号 340 - 25），整幅标本一件，幅宽 51cm，花纹由纵向连续左右对称的菱纹格构成，菱纹内填入对称的花草、对鸟纹，纹样单位三花一组，横向六组到幅边。单个菱纹格架长 6.2cm，宽 4.8cm，单个花幅宽约 15cm，高约 3.1cm，包含经丝 1500 根左右，纬丝 142 根。这样大的花幅与密度，素机已经不能应付，必须用附有提花装置的织机才能织造。同式标本中，稍稀疏的是一件枕巾（编号 446）经密 78 根，纬密 46 根；同式较紧密的达 $100 \times 46/\mathrm{cm}^2$，花纹多用三上一下和斜纹组织细线条显示。织物呈浅棕黄色，地纹平整光滑，花纹具有金丝般的光彩，正是所谓典雅绮丽，是一件织工和花纹设计都比较高超的优秀产品。

汉代菱形花纹，在装饰艺术中是一个基本的母题，比较常见的是一个菱形的两侧（短对角线两端）套上两个较小菱形"◇◇"并由它衍生出各式变体。这种形象，有人认为像是汉代附有两耳的漆杯。古代文献中所谓"七彩杯文绮"的"杯纹"或即指此。这种复合菱纹，在信阳和长沙楚墓中出土的东周时代的丝织物中便已有了，在战国和汉初铜镜花纹中也是常见的。又如马王堆一号汉墓内棺羽毛锦饰的图案也是这类花纹的更复杂的变化组合，或许它们原本就是纺织绮纹的反映。联系近年在新疆楼兰汉墓出土的同类花纹的对鸟纹绮来看，其年代应也是西汉时期，大致与张骞通西域时相符。

五、纹罗

素罗是纠经织物，纹罗是织有花纹的纠经织物，皆为"罗纱组织"。在古代文献中往往把罗释为绮，或"罗绮"并称。联系马王堆出土纹罗手套等物，同出简文皆记为"纱绮"，据此推测当时所谓的"绮"，可能泛指包括纹罗在内的所有素色提花织物，而纹罗又称为"纱绮"或"罗绮"。

罗纱织物，早见于商代玉器、陶片和铜器上，都留有印痕和实物残余，为机织物。直至战国时期的出土实物都不见提花迹象。提花罗，则于汉代，实物在蒙古诺音乌拉，朝鲜平壤，中国民丰、武威、满城等地先后都有发现，最具代表性的是马王堆汉墓的出土物。从技术上来看，提花罗的织造工艺是比较复杂的。生产条件也比较苛刻。地纹一般采用四绞大孔，四梭一个循环，花纹用平织显花，两梭一个循环。花纹为虚实两种菱纹。马王堆出土实物中成幅的有十余件，幅宽36cm～51cm不等。虚实花纹外廓相同，内部结构却繁简不一。可分为两种，以编号354-1和354-2稍复杂，其余较简单。通幅横向可排下实线菱纹11个～14个，虚线菱纹11个～13个，每个菱纹长5cm，宽2cm左右，以标本340-18为例，一个花纹循环有经丝332根，纬丝204根。经丝中，地经、纠经（起绞的经丝）各占一半，即均为116根，二者相间排列。地经81根，是对称的（在实纹处），需41个提升动作，其余81根，为非对称性的动作，共需116个单独提升运动来控制。而纠经可由纠综统一控制。丝中半数为纠经动作，可由踏杆控制，另外116根因图案上下对称，可编成58个动作。对于这样复杂的动作，看来必须提花综束的装置与纠综相配合，也许需要二人协同操作才能织制，而且由于开口时纠经的摩擦起毛，经丝的排列宽必须放大，才能便于提升开口，又由于受到较大的张力，织机须在很大的湿度（95％RH）下工作。采用所谓的湿织法，才能获得结构紧密、孔眼清晰的成品。这对于织工来说，可能要在阴冷潮湿的地窖来生产，长年累月易患种种疾病，特别是关节炎职业病。

马王堆汉墓使用纹罗制作的衣物有12件（最高密度为120×38，编号357-1）。有的是用朱砂色浆染色的，多数不做刺绣加工。从这里也可看出，当时的纹罗是作为高级织物受到特殊重视的。

六、彩锦

丝织的彩锦，是我国最精美、最负盛名的丝织物。其历史相当久远，可能早在新石器时代，就已在原始腰机（踞织机）上以挑织（用竹片挑起某些经线形成梭口）方式起纬花织造，即一梭平纹，一梭花纹。其后增设若干手提综杆，在平纹地上织出各式各样的由纬线显花的多彩几何图形，是为早期重纬组织的纬锦。这在现代少数民族踞织机中不乏例证，可惜未见到出土实物。但从原始彩陶、地画、壁画中见到的几何纹应当是编织、纺织的图案的反映。今后或可能有幸从考古发掘中见到更具体的间接材料，而目前还不能对其工艺程序做出准确的认定。其后，商代到西周（不会晚到东周）时期，技术上有了新的突破，这一时期的文献中出现了"锦"字，而且应用十分广泛。陈留、襄邑自春秋以来就以产美锦、文锦、重锦、纯锦而闻名。"锦"字从帛从金，取意和金等价，锦绣并称，成为当时社会高级纺织物的代表性作品，也是上层贵胄贡、纳、礼、聘，甚至"化干戈为玉帛"平息战争、民族间和亲示好的政治货币。

就出土实物而言，在20世纪60年代末以前考古发掘所得到的汉代织锦，多属（或以为是）东汉时遗物，1968年以后，才第一次在满城刘胜墓中找到年代确凿的西汉织锦残片。其后又在武威磨嘴子、长沙马王堆、江陵凤凰山、广州南越王墓先后获得更多、更完好的西汉织锦。当重新检查左家塘楚墓出土的丝品残块时，又意外地得到了多种战国织锦标本。再后又在山东临淄郎家庄一号墓出土炭化严重的纺织物堆集中，发现了春秋战国之际的两色织锦标本。在近年发掘的辽宁战国墓和马山楚墓中，已发现了通幅花纹织锦，打破了过去把织锦的历史起点囿限于东汉初的局面，把有实物可查的织锦史提前了五六个世纪，甚至十几个世纪。

就目前所知，两汉的织锦，都是"经丝起花的平纹重组织"。即由两组或两组以上的经丝（其中交互由一组为表经，其余为里经）和一组纬丝更迭交织而成。纬丝虽只一组（一色），却可依其作用分成交织纬（夹纬）和花纹纬。二或三组〔也即二或三色〕的经丝，各色各一根为一副。利用夹纬，将每副中的表经和里经分开。表经用以显色表现花纹，里经则转至背面。一般两色锦为多见，三色、四色、五色以及起圈纹锦也有实物出土。从技术上划分，大约可分作三类：

1. 小几何纹两色双面花的经锦。这种经锦，多见于战国、西汉出土织物中，花纹单位小到1cm²左右，呈散点布置，大一些花幅，在织物幅面中横向排列，有四五个花幅不等。贯通全幅的仅见一例，但花纹单位的经向高度却都较小，一般不超过1cm，纬丝循环数少，表现出织造技术上的限制性。它可能也是承袭了春秋战国以来的传统格式。如马王堆出土的红青矩纹锦（编号354-9）、起毛锦，单就纹样而论，则是这种几何纹的典型。稍大点儿的花型则有栗色地红花纹锦（一号汉墓瑟衣、竿衣所用织锦），栗色地凫鸭（野鸭子）纹锦、地纹落花流水式。栗色地茱萸纹锦以及三号墓出土的栗色地游豹纹锦都是两、三色经丝提花组织。

2. 横贯全幅的长花幅纹样多色织锦。由于两组或三组经丝，在整个幅面中纵向分区设色，可使锦面得到四五种颜色的花纹，以幅宽40cm～50cm计，一根纬丝要和5000根以上的经丝交织，但花纹样的纵向高度一般也不过几厘米，提花装置至少要50个程序控制。如民丰出土东汉"万世如意"锦，经丝循环似横贯全幅，当在35cm～51cm，分为12个经丝区，每区不超三色,计有绛、白、绛紫、淡蓝、油绿五种颜色,正面显示的经丝密度每厘米约56根,纬丝密度每厘米25根～26根。由于是三组经丝的"重组织",实际上每厘米包含经丝168根,花纹的纵向高度约4cm,一个循环包含纬丝约100根,须由50个提花程序加上2片平织综开口织造。又尼雅出的"延年益寿大宜子孙"纹锦,现存幅面共约40.75cm,花纹也采用分区三色汉锦织法织成。正面显露经丝40根～44根,因为也是经丝的重组织,实际上每厘米有经丝120根～132根,整幅亦在5000根以上。纬丝每厘米26双～28双(纬丝是双头的),花纹颜色为绛、白、宝蓝、浅驼(灰褐)或香色(浅橙)。绛色为地,白色铭文、花纹横贯全幅(宽度当达40cm以上),包括经丝5000根左右,花纹高度约5.4cm,包含纬丝约150根,约需提花装置75个程序控制,幅面花纹横向为断续的云纹间以花蕊纹,在这些蜿蜒曲折的纹线之间,散布着七八个动物形象,以及八个隶书铭文"延年益寿大宜子孙",整个图案花纹曲折,怪兽奔走跳跃其间,显得充满神秘气息。这种分区设色的横贯全幅花纹的三组经丝"重组织"织锦,是东汉织锦的主要形式。西汉仅见一例,为小几何纹的红青矩纹锦,花纹比较简单,而时间较早的战国楚墓中却发现舞人通幅花纹织锦形式,与此有传统关系,复杂程度不能与上述织锦相比。可以说公元1世纪后,提花装置有了较大的改进和发展。在纹样题材方面,把狩猎生活和富贵长生神仙思想糅合到一起,也是秦始皇及汉武帝以后,封禅泰山、求神仙求不死药一直影响到东汉时期的特点。也许它们有的本是西汉的产物。只要看一下刘胜墓出土的铜博山炉和河北保定出土的错金银车饰满地的华丽花纹便会明白。山云水火不分,人神掺杂天地合一,四时不谢之花,八节长春之草。飞禽走兽罗布其间。设计上充满想象与生命力,达到"随心所欲不逾矩"地步。

3. 起圈纹锦,或称之为绒圈锦,起毛锦。这种织锦,过去在蒙古诺音乌拉曾有残片出土,被误认作浮纹绫。之后,于1968年在中国河北满城刘胜墓又有实物出土。1972年在长沙马王堆一号汉墓则得到更好的实物。同年在磨嘴子62号西汉墓也发现了这种标本,引起了纺织学界的重视和兴趣,做了许多研究工作。

起圈纹锦也是以多色经丝(为一副)和单色纬丝交织而成的,由经丝显花和起圈的"重经组织"。以四组经丝,一组纬丝织造,经丝有的采用二色,有的三色,以深色为地。如褐地红花;玄地,绛红、朱红、土黄花纹。花纹都以小菱形、三角形、直角形等组合而成。计有十多件,还有三五个变例。它的特点是织造时需有一种织入绒圈经丝内的假纬,以便将经丝充填成圈,织成后再将假纬抽去,使纹锦地上织有高出锦面0.7mm～0.8mm的绒圈花纹，使织物具有锦上添花的立体效果，如同锦上加绣一般。推想它的发明极可能是由锁绣效果所引发，在技术史上是一个创举，并开后世起绒织物之先河。文献称：汉明帝时宫织室"织锦绣难成"（公元 54 年）或许指的正是这种情况。也许东汉时这种织锦如绣的织物或已失传，故有此文献记载。

以马王堆一号墓 N6-1 起圈纹锦（图 3）为例：幅宽以 50cm 计，每厘米经密表面看（54～56）根 ×4 根，实际经丝四根为一副，每厘米约为 216 根～224 根，总经数当为 10800 根～11200 根，其中 1/4 的底经是有规律的一上三下平织法排列，可用综框提沉。其余地经Ⅰ、地经Ⅱ和绒圈经都需提花装置控制升降（并以地纹经Ⅱ在地部形成托衬花纹）。这三种经丝的密度每厘米有 150 根，一个花纹循环横向 13.7cm，纵向 5.8cm，就需 2055 根经丝单独运动。若用挑织或综框来管理这许多经丝做升降运动，是难以设想的。夏先生曾推断它只能采用"提花束综"加以控制。使用"提花束综"即要人工挽花，至少还要两片平织综。凡要起花的经丝，既要穿入"提花束综"，又要穿入平织综。由于地纹经Ⅰ、底经、地纹经Ⅱ三种经丝的组织点基本上是三上一下或一上三下四枚纹，可合用一个经轴。起圈经丝则须另加一个经轴，以调节不同的织圈要求。起圈用的假纬丝则可能以竹丝、马尾或铜丝等制成，织后抽去，使织入的经丝呈环状突起。地纬：起圈纬为 2：1。但后来夏先生在他的《中国文明的起源》一书中又否定了自己的推断，同意伯恩汉（Burhan）的意见，

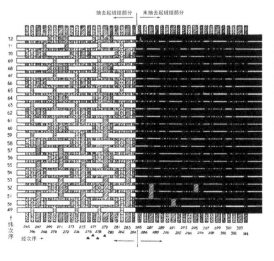

图 4：湖南长沙马王堆一号汉墓出土千金绦

以为是手工编织（在平纹机上挑织）而成的。但从出土实物，如汉绮、战国纹绮上观察到的纹版错置、跳丝现象判断，只有具有提花装置能实现程序控制的机构，才会发生错版到底的问题，如系挑织，便可随时纠正。从民族志中可以找到很多帘式"提花装置"。或许，它是最早基本提花线综，这问题将做专门的讨论探索。

起圈纹锦在织造技术上已经使用提花装置，组织结构是四根为一副的双面变化重经组织，并巧妙地使用起圈纹工艺，使锦面形成了大小绒圈花纹，使锦上添花一次完成。就目前所知，绒圈锦是我国最早所创织，并为后世的漳绒、天鹅绒等织物的发展准备了条件，突破了唐代始有绒类织物的文献记载。

七、编织物

这类织物比较杂，包括绦带、纂组、漆䌷以及丝履、麻履等不同服饰物件，但对它们的工艺情况了解得还不十分清楚，比较重要的有以下几种。

1. 千金绦，是一种装饰衣物用的经编提花丝带。马王堆一号汉墓出土，有宽、窄两种。因绦上花纹中有"千金"二字，竹简上也有"千金绦饰"记录，说某一衣物用千金绦做装饰故名。

窄的带宽仅 0.9cm，绦面花纹布置纵分为三，每 6cm 左右长一个纹样反复，阴阳交替（图4）。如中间为斜行波折纹，由暗紫而绛色，深浅分三个层次重叠出等腰三角纹、菱纹组成带饰。其间横排白纹篆书"千金"二字。两边则在白地上以绛色织出雷纹和细线。至另一个反复时，两边转成绛地白纹，中间转成白地深色文字。绦带的正反面色调相反，花纹、文字反正相同。另一种，绦面较宽，达 2.7cm。织纹规则

基本与前者相似。此外，还有一种无文字的绦带，宽约 1.6cm，同属一类。这种织物可能在简单工具上（如在木架上左右分列）以手工编制而成，难在控制幅宽均匀。在此之前尚未见有这种实物。

2. 组，也是一种经编织物，古代著名的工艺品。据文献记载，两周秦两汉以来，在统治阶级中用作冠、服、印、璧的系饰，以做维护等级制度、区别尊卑的标志。

1968 年在发掘刘胜墓时，在玉衣中的玉璧上曾注意到这种网状织物留下的痕迹，并初步有所分析探讨，不久又在马王堆汉墓中得到一件完整的实物，其后 1974 年又在北京郊区大葆台汉墓发现与漆纱冠一起出土的冠缨——复式组带，使这种织物的定名和识别得到肯定，并对其编织工艺做了成功的探索。

马王堆一号墓 443-5 黄色组带，长 140.5cm，宽 10cm，由左右两组经丝编成。每组经丝各 60 头，每头又由一条丝缕对折合股而成，单丝正手（S）捻，合股反手（Z）捻。据分析推测，编织时，把合股丝开叉的一端捻作"引头"使细尖如针，以胶类或油漆使硬化，用它在合股丝线两股之间等距穿编，形成斜方格眼。组带编齐后，两端散余部分留作穗头（流苏）为装饰。

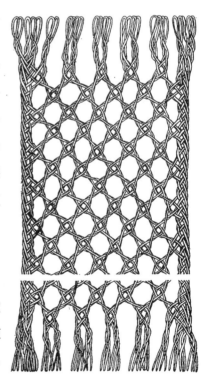

大葆台汉墓的复式组带（编号 F-11），带宽约 1.2cm，残长 5cm，把合股线形成环状的一端固定，分为两组，左右穿编作斜格，格眼呈正八边形，孔径为 1.3mm～1.5mm，单头的丝线是反手（Z）捻。总数为 56 个单头，每个单头乃是一根弱捻合的股线，大约每米有 50 来个捻回，合为 28 根，分作甲乙两组，沿相互垂直方向进行交穿编结，甲组为 13 根，乙组为 15 根，其编结方法如图（图 5）。

以上两式纂组结构，前者为单式，而且不控制边长，组带全由四边形，边缘为三角形组成，非常易于在长宽两向变形，缩短或伸长，并且不会并丝起绺，适于做束带系结之用。而后者组边采用了坚密不活动的编织结构，使组带在长度上不易变形（不伸长），保持格眼形状的固定样子，这是做系冠用的带子——"冠缨"的不同要求决定的。《说文》云："组，绶属，其小者以为冠缨。"实物反映的恰与文献相合。

3. 漆缅,两汉以后又称作漆纱,相沿六七个世纪,一直是制作冠子的材料。但所谓"缅"或"縰",自唐人释为方目纱之后，千余年来就被认为是一种平纹机织物。现在从实物做切片分析,才知道这种表面涂漆后呈现圆角方孔形的纱,就是上面描述过的"纂组"结构,一般都是单式的,它与平织物截然不同。大葆台出土的漆纱,有两种规格,F-9残片,厚0.11mm,每平方厘米18孔×18孔。F-10厚0.16mm,每平方厘米20孔×20孔。磨嘴子出土的两种标本则比较粗疏,马王堆三号墓则出土一件完整的漆纱冠,做工之精,涂漆之均匀,孔隙之清晰、通透,实令人叹为观止。

此外，编织的丝履、麻履，马王堆一、三号墓，江陵凤凰山汉墓，武威汉墓……也都是完好实物出土，有的色彩如新，多为当时编结工艺品。

毛、麻、棉织物

一、毛织物

过去在蒙古诺音乌拉等地曾有不少实物出土，新中国成立后于新疆民丰遗址中又有许多新发现。据报道，有青丝履、花履、彩织毛毯、龟甲纹三色（红、蓝、白）织锦，人物葡萄纹，土黄墨绿两色织锦，以及四色毛织带，等等。技术大体与丝织同类织物相仿佛，但地点多分布在我国西北地区，内中不少应是兄弟民族的作品，在花纹方面还可看出与当时各邻国文化交流之影响。

二、麻织物

麻织物以马王堆一号墓裹尸衣衾材料最为精良，有粗细两种。N-29幅宽45cm，密度为每平方厘米18根×19根；N-26幅宽20.5cm，计17块，经密32根~38根，纬密36根~54根不等，呈铅灰色。N-27幅宽达51cm，窄者20cm左右，计16块，经密34根~36根，纬密约30根，质地洁白，经鉴定粗疏的为大麻，细密的为苎麻原料，其强度、完好程度几乎如同新的一样。细麻布（N-26，厚0.05mm）薄如现在的新闻纸，是经过碾研加工的。这些残块原系包裹于尸体中层及贴身的衣服，因缝合线为丝质，强度远不及麻布而解体，布片又被丝绸业取样过多而无法复原，至今尚未弄清它的形制结构（凤凰山168墓也有实物

34

出土）。

三、棉布问题

1959 年，在民丰北部大沙漠中发掘的东汉墓，据报道其中有棉织品：有两块蓝白印花布；死者有白布男裤。女尸手帕据说也是棉布。但笔者对此稍有怀疑，因两蓝印花布都不像同时期纹样，有可能比较晚，又像外来物，因而还不能以此墓肯定东汉已有棉布在西北生产，应当实证再多一些时加以论定。

纺织物的印染及其工艺

一、染色

汉代织物的颜色，以新疆干燥地区和两湖密封古墓中出土的保存为好。有的鲜艳如新，但多数已有不同程度的褪变，除某些矿物颜料及靛蓝染料外，恐怕都不会是原来的色调了。

可辨识的染料染出的颜色，有各种调子的朱、红、紫绛、棕、黑、绿、蓝、黄等色，可以说色谱相当宽。据化学分析，已知的染色原料有靛蓝、茜草、黄柏等种，大约可以直接或媒染，配比混合染出各种深浅色调。涂料色浆中的颜料，则主要是朱砂（硫化汞）、石黄、孔雀石等。用于植物染料染色的媒染剂则有铁盐（黑矾）、铝盐（明矾）和铜盐（蓝矾）等。由于纺织业的发展，染色原料有了较大的需求，因而汉代的染色用的经济作物种植也极度地扩大，似已成为专业"种植园"，种"千亩卮（栀子）茜（茜草）"或商贾有"卮茜千石"或"文采千匹"都可富比"千户侯"、"千乘之家"。染色中以紫色最为名贵，马王堆和大葆台都有这类实物出土。战国时期，雄踞东方海边的齐国，紫色丝绸非常名贵，时称"五素不得一紫"（五匹素白绢帛换不到一匹紫色的）。然而这种紫色织物，在战国晚期到两汉出土丝绸实物中却难以"齐紫"遽定名目。目前所知重要的标本有马王堆一号汉墓的玫瑰紫地印花敷彩纱绵衣，出土至今已二十余年，其紫色鲜艳如故，发散着非常绚美的光泽，说明有极优的耐光照牢度。另一例是大葆台汉墓，红味紫绢地绣片，色调略具消光性，上面的六色绣线均已消失无余，呈浅栗壳色，而红紫味的绢地，却深沉凝重，一片光鲜，美不可言。而文献中所称道的"齐紫"，却又与此难有相似之处。《史记·苏秦列传》苏代遗燕昭王书中举转败为胜的例子，提到"齐紫，败素也，而贾（价）十倍"。出土实物上两例皆非"败素"（旧或质劣之丝绸），那么它们是否可能是古罗马时行世后来失传的海中骨螺分泌物所染的——"贝紫"，尊称"帝王紫"呢？这还需做出现代分析取得科学实证才能回答，目前这一工作还待与自然科学界合作来决定。这一问题，在古文献中也不是没有一点痕迹可查，《荀子》一书成于战国晚期，其中《王制》，讲天下材用，云："东海则有紫、紶、鱼、盐焉，然而中国得而衣食之。"紫紶指衣，鱼盐指食，但"紫紶"究为何物？注家歧解，或以为粗细麻布，或以为紫贝，或以为茈蒩，或以为字书无"紶"字（这应是一个战国字——作者），谓"紶"为"蚨"，这蚨字又曰为蝴。李时珍在《本草纲目》中，征引考据，甚为精博，证实紫蚨为《真腊风土记》（元，周达观著）中所说的"龟脚"，并界定紫贝为石决明，均与骨螺无涉。今人考古学家夏鼐先生与周达观为温州老同乡，在他的《真腊风土记校注》"鱼龙"一节中指出，现代乡人仍称"石蚨"为"龟脚"，其学名为"mitella"即"龟手藤壶"，并非可染色之骨螺。1988年，台湾服饰史学者王宇清等三位博士对这一问题做了中国学者的大胆探索，论文命题《中国紫衣的价位与贝紫染》，对紫色如何从间色地位升越到正色以上做了精彩的论述，在界定"紫紶"不是"紫贝"（石决明），不是"龟手藤壶"（紫蚨）方面都有充分论据，而在确定"紫紶"即骨螺方面却显得证据不足，自然这是个很困难的问题，因事物古今异名，且是孤例难证，又没有出土实物资料的科学对比鉴定，欲做确证存在困难。笔者步其后尘，补充几则小例，也许会使这个不得确证的"紫紶"得以向骨螺染料靠近一些（真正的问题解决，将留待现有标本的高科技测定和今后的新发现）。我们从现代国际学者已有成果中知道，骨螺外套膜鳃腺中的黄绿色分泌物，有极强的不愉快气味。笔者曾托家乡人从胶东半岛莱州湾中取到骨螺活体十余枚，这东西储量颇丰，过去（约五十年前），因优质鱼虾产量很大，且因交通不甚便利，主要在本地消费，而海螺类软体动物，因其在海底吸食腐败肉质，而不被沿海人请到餐盘中，仅其壳被用作捕捉八带鱼（章鱼科）的工具，乡人已不知其可染色事了。近年因商品经济发展亦大量捕捞外销，故亦十分易得。骨螺到手后，笔者充满兴趣，随即照专家论文所说方法，取液在棉球上、丝绸上，目的只在确定是否在齐地出产的海螺为一种可染"贝紫"的骨螺。实验达到了这个目的，取得了极难褪色和消色的紫色染样。由于是徒手操作，这种染色物质，一旦沾染到指甲上、皮肤上，数分钟内光照即转成鲜亮紫红色，染着很牢，一是洗涤不掉，二是满手腥臭气味数日甚至几个星期不退。因而联想到，古时东方的齐国，"齐桓公好服紫，一国尽服紫"，"齐紫"名扬天下，造成"五素不得一紫"的高消费局面，上下相尚流行难以禁止，成了齐君的心病。幸得宰相管仲的提示：欲禁此奢欲，须从齐君做起，自己先不穿紫衣，臣下穿紫衣朝见时，则掩鼻曰："恶紫臭。"（讨厌紫的气味）。这一着果然奏效，很快煞住尚紫成风的奢靡习气。这个故事，在《韩非子》与《史记》注中有不同的文字表述，但提到受不了紫色气味的事，都无例外。从这一特点来推测（不敢遽定），齐桓公与上层贵胄所穿的紫衣或有可能是由骨螺所染的贝紫，其气味可能要很长时间才能消散，未经长时间后处理就急忙上身，未免不雅，故有"恶紫臭"之言，而全国尽服紫的情况恐另有缘故。齐国临淄人口繁盛，苏秦在说齐王时即大加称赏：齐人"车毂击，人肩摩，连衽成帷，举袂成幕，挥汗成雨"，不出都城即可拥兵二十一万，五口一家，总人数当在百万上下，如此众人全国可知。海产骨螺再多，贝紫若染数万人衣，一衣须数万骨螺花数年时间才能染成，岂非要天文数字的骨螺？似不大可能如此普及。拙意，齐国的"帝王紫"如确实有行于世，当在社会最上层极狭范围使用，但由其名贵，而推动了能以其他易得染料仿染出接近贝紫，甚至超出贝紫的齐紫，其工艺今虽不知，想来必十分复杂，反复操作加工，历时也相当长久，或练染捶打，几成败素。此种染料或即草本的"茈"或"紫蕭"。这些意见，在未做出实物检测，得到确证之前，都还是一种猜想，或略可沾边已是过望之想了。

这里特别值得一提的，还有朱砂着色丝绸，它不是用染料，而是用颜料制成涂料色浆涂染的织物。据出土资料来看，自殷周至两汉，以这种涂料色浆用"轧染法"把颜料细粒挤入纤维中，并均匀地覆盖织物表面，最后借助黏合剂，使色粒黏附在纤维上，大约每千克丝绸至少要染着一千克朱砂颜料，丰满色调可染着三千克朱砂。黏合剂固化后，获得一定牢度即可穿用。这是我国最古老的"涂料染色"工艺。使用时间之长，其上限可能早于殷周之前，下限则止于两汉，往后便销声匿迹，原因目前尚不清楚。

比较重要又完好的标本，也是在马王堆汉墓中出土的，有成幅、成件的衣物数件（如354-1、354-2、329-8等），多是对纹罗织物进行朱染加工，绢类少见（仅442小熏囊的细绢袋袋口部分及满城汉墓铁甲内见到极小标本）。而南越王墓出土的罗绢也是整匹用朱砂着色。另外，刺绣的丝线也用此法加工。某些战国织物的经丝，条带花纹也用朱砂染经。作者曾试验其工艺，以生鸡蛋黄乳化熟桐油，调制成朱砂色浆，把丝绸投入，挤压摔跌均匀，晾干后即可获得较好涂染牢度。

二、印花

马王堆汉墓出土的 N-5 镂空版印花敷彩纱和 340-11 凸版金银色印花纱等多件，甘肃武威出土的涂料印花苇笥等，为迄今所见我国最早的印花织物。前者用镂空版印出花纹的藤蔓部分，花、叶再以绘画方式描绘添加，这还使我们看到《考工记》中提及的画绘织物的风采。计有六种颜色，艺术效果非常秀美，是印花和绘花相结合的作品。金银色印花纱是用凸版（模版）三色压印（这种凸版，后来在南越王墓中还发现了铜铸实物，与推测正相吻合）。花纹似为藻草形花样，效果如同当时高超的金银错饰，典雅而辉煌。后者，武威出土的竹笥上裱贴织物的印花，也是三套镂空版涂印而成，色浆皆以涂料配制，有朱红、粉白、橙黄、蓝、青黛灰（似变色）、棕、黑等。这些实物的出土，把我国印染工艺的历史提前了几个世纪，并为以后的印花、文字印刷术的发展创立了条件，奠定了基础。但是完全用染料色浆印花的工艺（染缬除外）似乎尚未形成。或者是由于画绘织物的习尚，对于染料印花还有相当的束缚，以至影响了染料印花的进展。但终因涂料色浆成本十分昂贵，坚牢度又有一定限度，花纹部分手感略硬，只能在贵族庆典或特定衣着中应用。生活中穿用则嫌勉强，因而日趋衰落。汉以后的染缬和染料印花遂逐渐发展起来，影响到盛唐时期服饰日日变换时新花样。从此镂空版、丝网版、脱胶印花、染料印花取得高度成就。

此外，在武威磨嘴子26号墓还发现过所谓"轧纹绉"的平纹织物，四层黏合而成，断面呈波浪形，涂作红色，外观似现今的灯芯绒，为死者的抹额巾帻。其制作工艺是模版热轧出来，或蹙缩胶料定型，不得而知。

刺绣工艺

汉代虽锦绣并称，据《范子计然》，锦一匹万五千，绣一匹二万钱。由此而知，当时统治阶级仍以刺绣为珍贵。西汉时期的实物以马王堆出土占大宗，有40余件，完整袍物达18件之多。其次是蒙古诺因乌拉出土的，数量也不少。其他，在江陵凤凰山167号汉墓、武威、满城、民丰、大葆台等地也有新的发现。若论工艺水平之高超，当以马王堆所出为最。花纹设色绚丽，绣工精美，针法富于变化和表达力。在衣着方面，刺绣技法仍以锁绣（辫子股）占主要地位，另外用于内棺边饰的还有方格纹绣锦织物，以平针绣满地做成，类似今日的"铺绒"或苏绣中的抢（戗）针、套针技法，为前所少见。蒙古诺因乌拉刺绣中还发现了打籽（结籽）绣。这种针法在我国东周墓某些履底上也有表现。看来，凡打籽、锁绣之类针法，最初为增强被加工物的坚固耐磨是其目的之一，富有劳动实用价值和装饰效果，不像后来超出日用工艺之上的欣赏性产品，专为花纹的表现而成为纯一观赏性艺术品。但在民间，这种实用与装饰相结合的刺绣加工，仍然占一定比例，为儿童、劳动妇女装饰衣裙。针针线线充满感情、向往幸福，不同于商品生产。

汉代刺绣纹样，在历史上承上启下，而且独具风格。从国内外发现的遗物考察，纹样有很大的共同性。过去见到它们的共同处，往往以为这些相距遥远的地方出现的遗物，可能来源于一地或一个作坊。但细加分析，它们尽管纹样相似如同一稿本，但地方风格十分显著。马王堆出土的刺绣，还为我们提供了这些纹样的名称，如"信期绣"、"长寿绣"、"乘云绣"之类，用它们完全可与蒙古诺音乌拉出土的过去认为是东汉刺绣纹样相印证。很多花纹单位完全相同，作风却显出南方纤丽，流畅而工整，北方的则质朴刚劲，比较凝重。可说明诺因乌拉的许多刺锦、织锦，可能是西汉时期民族间礼聘交换的遗物。马王堆出土丝绸为我们断代确定了一个历史坐标，但值得注意的是，这些刺绣样本在这么大的地域内风行，侧面表现出秦代之后西汉帝国经济文化上的统一和繁荣。

另外，诺因乌拉出土的汉代刺绣，也有绣在织锦上的，真正是"锦上添花"，这意味着刺绣的艺术价值当时依旧高于织锦。这是在人们心目中，织锦艺术效果其时还抵不上刺绣织物的缘故。后来，织机的提花装置不断得到改进，大花纹织锦得到长足的发展，实用性、装饰性并重的刺绣的地位才慢慢低落下来。

现在划入特种刺绣手工业中的羽毛贴花加工织物，也有精美的实物出土，是马王堆一号汉墓内棺上的嵌心装饰，它以绢条和棕、红、黑各色羽毛贴在染出底色的绢面上，由它们组成严谨富丽的菱形图案，是过去未见的工艺品。到唐代时，还有它的绪余——羽毛贴花屏风，传存于日本。

纺织材料与织机

汉代的纺织材料，包括大麻、苎麻，都有实物可以进行分析。其纺纱支数（约3600公支）较细，不匀率较低，纤维长而洁白，说明当时麻的种植加工、麻纺技术、漂白技术都达到了相当的高度。丝织物的纤维原料，经切片显微观察，示差热分析、氨基酸含量、X射线衍射图谱判析，都清楚地证明为家蚕丝。单线投影宽平均值为 6.15um～9.25um，单丝截面为 77.46um^2～120um^2。而现代家蚕丝投影宽为 6um～18um，截面为 168um^2。出土丝明显较现代丝纤细，这或和蚕种、蚕体大小有关，也可能因年久埋藏地下，丝胶、丝素受到较大侵蚀，引起蚀缩所致。

由于汉代家蚕饲料有了改善，地桑的种植得到推广，养蚕技术进一步讲究，并总结出一整套经验，汉代获得了优良的蚕丝生产，纺织技术的发展得到了有利的条件，丝织品的品类日趋多样化，总产量达到惊人的数字。

关于织机的情况，一直受到纺织技术史专家的注意。国内在 20 世纪 60 年代后有不少学者做过探索，先后据画像石、出土文物中的部件、造型形象做过多次的技术复原和讨论，取得可喜的进展。如宋伯胤《从汉画像石探索汉代织机构造》，孙毓棠《战国秦汉时代纺织业技术的进步》，夏鼐《新疆新发现的古代丝织品——绮、锦和刺绣》《我国古代蚕、桑、丝、绸的历史》，高汉玉《长沙马王堆一号汉墓出土的绒圈锦》等。就目前所见，汉画像石中有关织机、纺具的资料共有八石。最近江苏泗洪县曹庄出土的一石，又发现了过去未见的"梭子"的资料。此外，金雀山 9 号汉墓帛画上有一具纺车图像。这些资料对于解决汉代平织素机问题有很大的帮助，基本弄清了简单织机的结构、传动、开口打纬、摇纬诸问题。对于汉代一般缯帛的生产，中等纨素、缣纱的生产应无问题，甚至不很复杂的小几何纹花绮和素罗的生产，都有可能在这种织机上进行织造。但后一种情况，由于这些织机图中未见有纹织综框和筘的装置，经面还不是水平式，而是成 45°角以上（甚至更大的角度）倾斜置于机架上，在简单的提花装置的安装方面和运动方面都存在困难，所以还不能过于肯定它的潜力，它主要仍是一架平纹织机。

关于提花机的探讨，由于马王堆大批纺织物的出土，战国、春秋时期的提花织物的发现，在研究工作方面也因得新资料而有所前进。目前大致有两种推测。

一、多综框式提花织机

这是平织综织机的发展，如果在 60 综以内的提花织物，可以在这种织机上生产，一般常用到的可能以 50 ~ 60 综为适于操作。这种织具，由于综框排列过长，最末片综的开口、夹角很小，不易直接开口过梭，很可能仍用杼（砍刀、分经板）来二次扩大开口投纬。这在少数民族至今沿用的腰机织造工艺中，仍旧如此操作。用这种织机，可以织造前面提到的菱纹绮，以及经丝分区设色的多色纹锦，麻烦的是这多综框如何用踏杆操纵的问题。一般设想，60 片综的 60 根踏杆，不知要排列多宽，因为我们看惯了平织踏杆的直径，用它做尺度，每根直径 5cm 计，60 根踏杆就要 3m ~ 4m 宽，无法操纵。即使将踏杆改为矩形断面，每根 2cm 厚，60 根亦须 150cm 左右的位置容纳，这么窄岂不是用脚踏钢琴吗，一脚下去至少要四五根同时踏下。所以，长期以来，我们都对三国马钧改良织机时提到的"绫机本五十综五十蹑，六十综六十蹑……"持怀疑否定态度，以为它无法操作，至于巨鹿陈宝光家织机"用一百二十蹑"则更不敢相信。数年前四川轻工研究所调查了成都近郊双流县的花边织机，当地叫"辫织机"（俗名"丁桥"），机上除有两片平织综外，尚有装设 10 片、28 片、56 片以至 70 片提花综框的。踏杆两根设在右方以右足控制平织综，其余排在左方，每根仅宽 1cm～1.2cm。踏杆的自然排列序数综与框不一致（图 6），而是用"飞踏法"，即自左向右，第一根踏杆是第一综，跳过三根至第五根踏杆才是第二综，依次类推到边返回（$\begin{smallmatrix}28\\1\end{smallmatrix}\diagdown\diagup\begin{smallmatrix}21\\8\end{smallmatrix}$ 成此形），在踏杆上垂直栽上竹钉，高出踏杆 2cm～3cm，用此法解决了单一踏动控制开口问题。这种方式应是古代多综框提花机的传统模式。如果在这种织机上添加纠综装置，配合提花综，大约还可织出某些纹罗。此机由一人操作，男女都用（现在主要是妇女用）。想来马钧将这式织机改易为十二蹑是不无道理的。但毕竟因容量有限，难以胜任大花纹提花。它的源流可能很早，可能在原始织机阶段就已存在，不过更为简单罢了，至于何时固定到机架上应用，也许要早于汉秦周商，因为在出土的战国纹绮织锦的

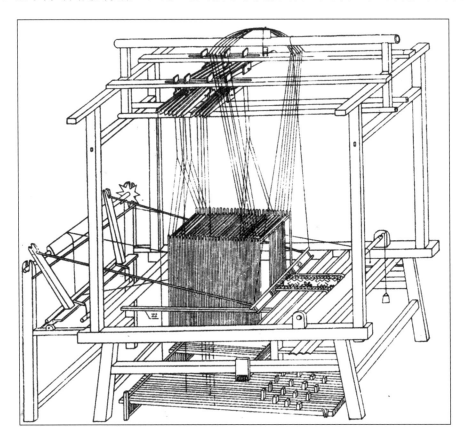

图 7：云南西双版纳傣族使用的帘综织机

幅面及织造精度上都已反映出来，多为三上一下的两面花纹的经锦。

再者，安装有提花线"帘综"，由一人操纵提花开口和投纬的提花机（图 7）。这种织机，在 2～4 片平织综后面，与经丝垂直相交悬挂一个综丝花本，花本为一个花纹的经向循环数，将每一提花开口也以纬线的形式编入综丝花本中，用这根纬线分离出需要提起的经丝，上提开口。过梭后，再织平织纬，并将花本纬转入经丝下方的花本综丝中（如果先从上方开始操作，织后即转入下方）。织完一个花纹循环，再自下方返回到上方，如此反复不已，继续织造。这种织机，在云南傣族中仍在应用，织出的为纬锦。地为平纹组织的居多，也可织成斜纹地。马钧改革后的绫锦织机或许具有这种形式，它可以织出通幅窄条纹样，控制一百多根纬丝循环数，但仍不能织造像两汉起毛锦那样复杂的提花织物。它与现今在用的小花楼织机类似，在三国以前是否已存在这种织机的初级形式，则不得而知。

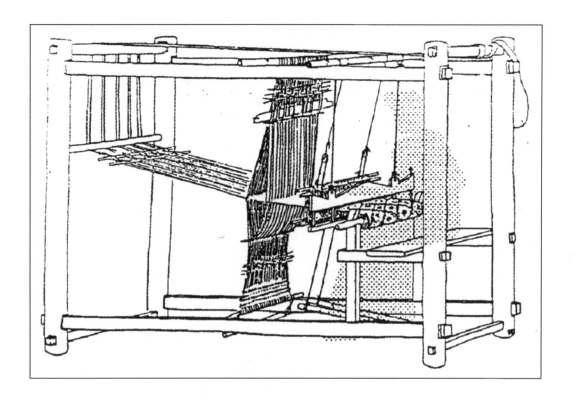

二、有提花装置的提花机

这种装置在战国、汉代是一次质的飞跃，它的出现也就是后世编有大型线综花本，控制提花束综的彩锦大花楼织机的雏形。如西汉纹罗的织造，一个组织循环有经丝 332 根，纬丝 204 根，地经共需 126 个单独提升运动，纠经需 52 个动作，若无提花装置和绞综相配合，是无法进行这样错综复杂的花纹织造的。至于起圈纹锦的织制，总经丝数达 11200 根，一个花纹循环，横向 13.7cm，有 2055 根经丝单独运动，纵向 5.6cm，纬密每厘米 48 根～52 根（还未计入起圈纬），这样复杂的提花起圈织物，若无先进的提花装置——提花帘综之类程序是不可能进行手工业大生产的。联系到前二式提花织机的局限性，一种更进步的提花机从出土实物上推测是必然存在的。但是由于织锦机的资料几乎等于零，我们仍不能具体、确定地复原出接近当时的织锦机来，还只能从产品疵病中断定它的存在。但若从现存织锦大花楼提花机向上推导还是有来龙去脉可寻的，因为今天的织机是由古代织机发展而来的。这方面的工作还有待于对出土遗物做更深入的分析探讨，做更多的工作和期待新资料的发现。

纵观上述情况，在出土文物的基础上，我们对于两汉纺织技术的进展和一般状况，有了一个比较全面的、具体的认识和印象。纺织材料（包括动、植物材料）纤细，质量的改善，数量的提高，纺织品种的增多和创新都是空前的。仅就考古发现而言，就有缯、素（绢）、纨、縑、方空纱绉纱、纹绮、纹罗、彩锦、起圈纹锦、绣花织物、印花敷彩织物、印花织物、染色织物、涂料染色织物、贴花贴毛织物、毡、罽、毛织物、砑光麻布、漂白麻布、涂饰加工麻布、绦带、纂组、漆缅、丝履等，几乎包罗了全部纺织、印染、刺绣、编结工艺的品种、规格，而且生产这些产品的技术问题、工艺问题得以成功解决，并积累了丰富的经验，为后来纺织工艺的提高、完善，从设计理论上、技术上奠定了基础，在纺织史上起到了巨大的作用，占有重要的历史地位。

纺织业是两汉最发达的手工业之一，一年之中可收天下缯帛五百万匹，对北方民族的馈赠动辄万匹。武帝时张骞通西域，"赏金币帛值数千巨万"，政府在都城长安设东西织室，据《汉书·贡禹传》记述，这两个官办织坊，每年费用达五千万，专为皇帝织造高级御用纺织品，同时还在山东齐地设"三服官"、"作工数千人，一岁费数巨万"，来为皇室制作服饰，直到东汉时还继续存在。西汉时民间普遍存在的纺织手工业，到东汉时便更加得到发展，并在公元前就以商品形式输出国外。汉通西域之后，中国的丝绸大量运到中亚乃至地中海沿岸一带，成为国际市场上最负盛名的商品，产生了举世闻名的"丝绸之路"。民间随即出现了大规模的生产作坊，如张安世夫妇开设的纺织作坊，就多达700多个工人，获利很大，可与当时丞相霍光比富。蜀布、齐缣和蜀锦，也成为地方性的著名商品，在这样一个全国性纺织手工业发达的基础上，纺织技术的发展得到了前所未有的有利条件，造就了纺织史上第一个大飞跃时期，并对世界范围内的物质文化交流做出了巨大贡献。

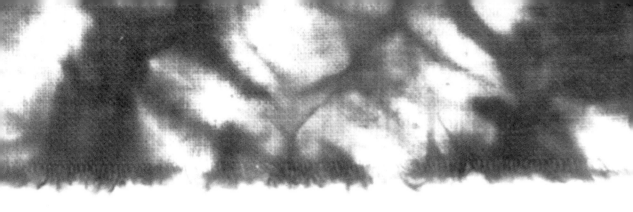

汉代织、绣品朱砂染色工艺初探

丝绸用朱砂（cinnabar）加工染色（以下简称"朱染"），是中国古代一种特殊的涂染着色技术。其着色机理不同于使用水溶性有机染料，它是把研磨得极细腻的矿物颜料——朱砂粉末与某种天然黏合剂共混，调制成色浆，再对织物做染着处理。干燥后，黏合剂凝固，便把颜料颗粒均匀地黏着在织物纤维上，使织物覆盖上一层威重鲜明的朱红颜色，达到预定的染色效果。这种加工方法，历史上也笼统地称之染色，为了与植物性染料的"草染"方法相区别，有的称之为"石染"法。若以现代印染工业标准分类定名，应列入"涂料印染"工艺系统中[①]。

朱染织物的考古发现，早见于 1924 年—1925 年蒙古诺因乌拉（Noin-Ula in Mongolia）出土的汉代遗物中，当时运到苏联列宁格勒，保存于俄罗斯博物馆人文部，展出后曾引起考古界极大的关注。不久，保存与修复这批织物的工作转到了考古工艺学院，由 M.B. 法尔马考夫斯基教授主持，他是一位富有经验的专家，在他的著述中写下了有关汉代朱染织物一些引人入胜的情况。他说，在修复、研究埋藏了两千年之久出土丝绸之际，曾遇到了一种非常薄的丝质绢网（应是四绞的罗纱），被染成鲜红的颜色。经反复研究，才断定这种染色是朱砂。至于朱砂是用什么方法染到织物上的，当时仍然无法回答[②]。其后，

①参见《染整工艺学》（下），颜料的直接印花一节；《印染学》（下），涂料印花部分。
②参见 M.B. 法尔马考夫斯基《博物馆藏品的保管与修复》，莫斯科苏联国立文教书籍出版社 1947 年版，中译本，96 页，102 页。

到 1930 年，在中国河北怀安五鹿充墓，又有一批汉代刺绣织物出土，内中绣花用的丝缕是用朱砂涂染着色的③。20 世纪 70 年代初发现增多，时代自殷周战国直到两汉（见附表一），数量、品种不断扩大。朱砂着色不仅用于染刺绣丝线，也用于织锦染经，还用于绘花、印花，以及对整幅整匹的罗、绢浸涂染色。尤其 1972 年长沙马王堆一号汉墓大量完好朱染织物的出土和 1982 年江陵马山一号楚墓朱锦、朱绣织物的出土④，更开阔了我们的眼界，提供了观察、分析朱染技术的极好条件，使我们对于古代朱染工艺得到了一些新的认识。这里仅将马王堆汉墓的实物摘要列举如下：

一、朱染罗织物

成幅的实物有两种（编号 354-1，354-2），定名为朱红菱纹罗绮，幅宽均为 48cm，密度也都是 $108 \times 36 / \mathrm{cm}^2$。

附表一　出土朱染织物（包括朱绣）简表

出土时间	地点	时代	织物名称	染色分类	发表书刊	注
1924-1925	蒙古诺因乌拉墓葬	汉	绢网（应为四绞罗）	匹染罗		
1930	中国河北怀安五鹿充墓	汉	绣片，绢地朱丝绣人物	朱染绣丝	《文物参考资料》1958 年 9 期，10 页，彩版	
1957	中国湖南长沙左家塘楚墓	战国	朱条纹暗花对龙凤锦	朱染经丝	《文物》1975 年 2 期，50 页	1957 年发现，1972 年清理
1958	中国湖南长沙烈士公园三号楚墓	春秋	丝绸被，朱绣	绢（？）	《文物》1959 年 10 期，70 页	
1968	中国河北满城刘胜墓	西汉	朱色绢残片	朱染绢	《满城汉墓发掘报告》	
1968	中国河北满城窦绾墓	西汉	朱丝绣绢残片	朱染绣丝	《满城汉墓发掘报告》	

③马衡《汉代五鹿充墓出土的刺绣残片》，《文物参考资料》1958 年 9 期，10 页及彩版。

④《长沙马王堆一号汉墓》（上），56 页、57 页；《江陵马山一号楚墓》35 页~38 页，63 页、70 页。

出土时间	地点	时代	织物名称	染色分类	发表书刊	注
1972	中国甘肃武威磨嘴子汉墓	王莽	"轧纹绉"织物	绢（纱）	《文物》1972年12期，18页表2，11页	文称涂红实为朱染
1972	中国湖南长沙马王堆一号汉墓	西汉	朱绢、朱罗、朱绣、朱色绘、印花	匹染绢罗，绣，印	《长沙马王堆一号汉墓》	
1973	中国湖南长沙马王堆三号汉墓	西汉	游豹纹锦、印花	朱染经丝	《文物》1974年7期，45页，图版14	
1974	中国北京大葆台汉墓	西汉	朱绢	匹染绢		
1975	中国湖北江陵凤凰山167汉墓	西汉	朱绢、刺绣、织锦	匹染绣丝、经丝		
1975	中国陕西宝鸡茹家庄西周墓	西周	绣花朱绢	绢	《文物》1976年4期，63页，图版1	
1976	中国河南安阳殷墟妇好墓	殷	朱绢残迹	绢		附在铜器上，多见
1982	中国湖北江陵马山一号楚墓	战国	朱绣、条纹织锦	绣线、经丝	《文物》1982年10期，彩版	

两者可能是同一匹织物的裁块。色调凝重，呈深红色，保存比较完整。成件的衣物有朱红罗绮绵衣一件（编号329-8），朱红罗绮手套一副（编号443-3）。这两件实物形制完好，朱染色调鲜明，质地手感柔爽。此外，在内棺中，也得到朱红罗绮残片若干（编号N-17），颜色更为艳丽，但丝质已经非常脆弱，朱砂粉粒也容易脱落。棺液中的汞即可能是它的落屑造成的。

二、朱染绢织物

两件香囊（编号442，65-1）都用朱绢做袋口，一件夹袄（编号443-1）用朱绢做缘，表面颜色已消减脱落，呈淡薄的肉红色，但夹层内掩部分朱色仍比较浓艳。

三、朱染刺绣丝线

这类例证非常之多。除方棋纹绣绢和三件粗率的云纹绣绢外，其他如乘云绣、长寿绣、信期绣等十余种35件刺绣织物，几乎件件都有朱砂染线刺绣的花纹。大多呈朱红色，少数泛着钴蓝调的紫光，显得更加绚丽。

经分析鉴定，以上标本着色物质均为天然硫化汞（HgS）[5]，当在显微镜下观察实物时，可看到朱砂颜料的细小颗粒，均匀地附着于纤维表面和嵌入纤维之间，朱染织物反正两面效果相同，找不到色浆滞涩、堆积与糊孔现象，织物结构异常清晰，外观具消光性。实物在饱含水分条件下，埋藏了2100多年，原来使用的黏合物质必然受到很大的削弱，但颜料却仍有相当好的附着牢度，不受到较重的摩擦还不会轻易脱落，据北京造纸研究所测定，朱罗标本上的朱砂颗粒，2μ以下的约占76%，2μ～5μ占20%（见附表二），细度已接近现代涂料印染工艺的要求，说明当时的颜料研磨、色浆制备以及染着工艺，都达到了很高的水平。

然而，要具体地回答这种朱砂色浆是怎样配制的，染着工艺又是如何进行的，只凭推断是不够的。为此，笔者参照民间有关传统染色工艺和散见于文献的资料，对朱染技术进行了模拟实验，认识有所深入。

首先来讨论一下有关朱砂加工和黏合剂的一些历史情况。

朱砂，是一种矿物，化学成分为硫化汞，三方晶系，晶体呈板状（俗称镜面砂），或菱面体状（俗称箭头砂）……它有很多别名[6]，通常称之为"丹砂"或"丹"、"朱"。以产于辰州（今湖南沅陵一带）者最著名，故又称之为"辰砂"。一般做炼汞的主要原料，质优者除供药用外，大多研磨成微细粉末做高级颜料，呈大红色（并可按色泽分成若干等级），分散性好、遮盖力强，色彩鲜丽光辉又非常耐久，广施于宫廷建筑、高级家具、工艺品的装饰和髹漆、绘画诸方面。其源流至少可以上溯到公元前十世纪以上。由于这种朱红色是古代五色（青黄赤白黑）制度中的正色之一，所以帝王贵族宫室饰朱门，车乘饰朱轮，武器饰彤弓，绘画有丹青，身上也要衣"朱衣"、服"朱绣"[7]。朱红色遂成为社会上层阶

---

[5] 参见《长沙马王堆一号汉墓》上，56页及王守道《马王堆一号汉墓印花敷彩纱(N-5)颜料的X射线物相分析》，《化学通报》1975年4期。

[6]《书·禹贡》："砺砥砮丹。"疏："丹者，丹砂也。"《史记·货殖列传》："巴寡妇清，其先得丹穴，而擅其利数世。"其别名可参见张子高《中国化学史论文集》211页；《雷公炮制药性解》朱砂条；《西安南郊何家村发现唐代窖藏文物》，《文物》1972年1期32页。

[7]《礼记·月令》"孟夏之月，天子衣朱衣，服赤玉"；《诗经·唐风·扬之水》"素衣朱襮，从子于沃"，"素衣朱绣，从子于鹄"；《尔雅·释器》"黼领谓之襮"，指绣花的衣领。

级权势与地位的象征。

关于以朱砂染色的较早文献资料，《周礼·考工记》有一条钟氏染羽毛的简略记述。后人解释多有歧义，而与染丝绸相关的成语，则见于《淮南子·齐俗训》："缣之性黄，染之以丹则赤。"文句原意在于比喻，反映的恰好是成熟已久的朱砂染色效果。现在知道"缣"是一种双纬平纹丝织物[8]。当时或用黄茧丝来织造，所以说，黄本色的缣，用丹（朱砂）染色（借着黄色的衬托），则可染成官定标准的朱红色——赤[9]，对于以上列举的出土实物来说，正好是同时代的文献佐证。

关于颜料的研磨加工方法，历史更为久远。史前时期用于颜料制备的研磨工具，考古发掘中屡有发现[10]，而以近年在安阳殷墟妇好墓出土研磨朱砂用的一套玉杵臼最具代表性[11]，此臼质硬、容量大，并有使用方式留下的痕迹。其研磨原理类同现代"胶体研磨技术"。首先把粗磨成粉状的朱砂加水与胶料调成稠厚糊状，置于臼中，研磨时不必加压（仅靠杵锤自重），手持杵柄上端，做水平圆周摇转，使杵颈靠在臼口循环滑行，杵颈与臼口已磨得光亮如镜，杵头则在臼窠中以切力与适度压力进行朱浆研磨。由于胶体的悬浮作用，染料颗粒在杵臼间隙中相互碰撞（不是靠杵臼死碾），经过相当长时间的反复加工[12]，可获得 2μ 以下的颗粒细度。根据这件文物估计，宋代《营造法式》和明代《天工开物》所详细记述，

---

[8] 关于缣的结构，可参见《满城汉墓发掘报告》（下），155 页。

[9]《淮南子》："夫素之质白，染之以涅则黑；缣之性黄，染之以丹则赤。"这一段话还可以理解为颜料遮盖力强，白的缣绸可染成黑的，黄的缣绸可染成朱红的。

[10] 史前时期有关颜料研磨工具，在山西夏县西阴村仰韶文化遗址，曾发现染有红色颜料的石杵臼；陕西宝鸡北首岭早期墓葬中曾出土小块的加工很微细的红、黄颜料，碳-14 断代为公元前 5150—公元前 5020 年。陕西临潼姜寨仰韶文化遗址（半坡类型）出土了一套绘画及研磨工具，计有石砚、砚盖、磨棒、陶杯各一件；黑色颜料（氧化锰）数块，碳-14 断代为公元前 4600—公元前 4400 年。并参见《中国纺织科学技术史》（古代部分）32 页。

[11] 玉杵、臼及朱砂调色盘见《殷墟妇好墓》，文物出版社 1980 年版，149 页，彩版二一。

[12] 1973 年，笔者曾访问北京荣宝斋制色师傅张雨时先生（当时已 70 岁）。据他介绍：经精选粗磨成粉的纯净朱砂，每十两（约 625g）分作三次加工。在直径 15cm 乳钵中加轻胶水研磨。快手须半个月，稍慢须一个月时间才能研究。每次 5～7 天不等，看色好为度。研过了头色即幽黑不鲜明，并非多研即好。研时亦不能用力研乳钵至底，钵、杵相研则伤。运杵要不见钵底，研腻用开水澄去二朱以上，沉淀再加重胶腻研。再澄再研，最后轻胶研、澄，沉淀出头朱、二朱，最后澄研为三朱。将水倾去用皮纸将钵口封糊，烘干，收取入瓶备用。色彩鲜红，手捻细腻入肉。

如今高级国画颜料制造工艺还在应用的"淘澄飞跌"一整套研磨分等加工方法⑬，很可能早在商代之前便已形成。长期以来，社会上层使用朱砂的范围日趋扩大。无论甲骨、玉雕、盟书、印玺、漆画、彩绘，以及人身妆饰、葬仪饰终、巫灵通神、方士炼丹、道家符箓，特别是服章制度画绘衣、裳⑭，种种方面无不用到朱砂，必然积累起丰富的技术经验，为朱染织物的颜料色浆加工准备好了条件。

黏合剂问题，这是涂料染色的关键。在天然材料中，中国的髹漆工艺自古闻名，就目前所知，至少在先商时期便有了油漆加工遗物出土⑮，到战国时期，已达到精湛无匹的地步，有关胶、漆、桐油及其调和材料相互作用的知识，也得到发展提高。就制胶而言，《周礼·考工记》就载有各类皮、骨、角等动物胶六种，对于它们的性状、使用季节、规程，以及与某些材料的相关情况（如对胶丝漆）都有描述。从文献中看，这一时期产生了不少有关胶漆的成语、典故和诗文。诸如"胶柱鼓瑟"、"亲于胶漆"、"调饴胶丝"，"以胶投漆中，谁能别离此"，"阿胶一寸，不能止黄河之浊"，"皮革煮为胶兮，曲蘖化为酒"等⑯，可以看出，胶漆应用的普遍性与多样化的进展。在出土文物方面，用胶漆加工的丝织物，则有漆纱、漆缅之属⑰，值得特别注意的是1957年长沙左家塘楚墓出土的矩纹锦残片，锦面上盖有朱色印记。虽稍久完整却印色浓重，附着也很牢固。后来，又在江陵马山一号楚墓织物上发现小印纹三处⑱，这是目前所见中国较早的印泥印记了。这表明这种朱砂印泥中，

---

⑬参见《营造法式》卷十四；《天工开物》下，卷十六。《燕闲清赏笺》（美术丛书）卷221、222，印色（即印泥）方等。

⑭《尚书·皋陶谟》："……予欲观古人之象，日、月、星辰、山、龙、华虫、作会，宗彝、藻、火、粉米、黼、黻、缔绣，以五采彰施于五色，作服。汝明。"此即所谓"古者裳绣而衣绘"。

⑮内蒙古赤峰地区的大甸子早商遗址已有喇叭状残漆器出土，彩绘陶器的内口亦存留有油漆膜皱痕，年代在公元前2000年—公元前1500年间。北京房山琉璃河西周墓地则出土了多种嵌饰、朱绘的漆器。

⑯所引成语诗文依次见于《史记·廉颇蔺相如列传》、《史记·鲁仲连邹阳列传》、《战国策·楚策四》、《古诗十九首》、《淮南子》、《周易参同契》。

⑰漆纱实物较多见，如武威汉墓、大葆台汉墓均有出土，以马王堆三号汉墓所出漆纱冠为最完整。

⑱参见熊传薪《长沙新发现的战国丝织物》，《文物》1975年2期，彩版，及《江陵马山一号楚墓》68页、71页。

已经使用了某种半干性油（或经加工预聚了的不干性油）做黏合剂了。同时根据朱砂喜油恶漆的调色特点[19]，可以认为，汉代朱染织物色浆中的黏合剂，除了各种胶类之外使用干性油（比如熟桐油等）的可能性是很大的。客观上制备涂料色浆的技术条件早已成熟。

实验材料

1. 坯绸。试样采用全茧丝平纹绸，面积一律是 10cm×10cm，分甲乙两组。

甲组　密度为 36×30/cm²；

厚 0.075mm；

空白重 0.3007g；

白度约 58%。

乙组　密度为 32×28/cm²；

厚 0.06mm；

空白重 0.29g～0.3g；

白度约 43%。

单位面积与重量和马王堆素白纹罗接近。

2. 朱砂颜料。以镜面朱砂采用国画制色传统方法在乳钵中胶浆研腻，反复加工，澄去黄膘，割去渣脚，出胶后不分等烘干成粉备用，其细度接近文物标本（见附表二实验用朱砂栏）。

色浆制备

分两组，一组以天然胶类做黏合剂；另一组用干性油做黏合剂。

1. **胶类黏合剂色浆及染色方法**

这是水分散型的一种色浆。取适量的胶液与朱砂颜料共混，加水调匀使用。根据传统，对黄明胶、卵蛋白、蛋黄、鱼鳔、乳酪、大豆浆、白芨等七八种动植物胶做了配浆和染色实验。同时还做了染前、染后，明矾、五倍子（含单宁）处理，以使蛋白黏合剂变性固化。用此法染得的织物，有一定干摩擦牢度，但耐水性能极差，仅可经受水淋和轻度冲洗。若略搓揉即有脱色。

---

[19]《天工开物》卷十六丹青·朱条："凡朱，文房胶成条块，石砚则显，若磨于锡砚之上，则立成皂汁。即漆工以鲜物采，唯入桐油调则显，入漆亦晦也。"又秦岭云《民间画工史料》："矿物颜料、漳丹、铅粉调和时皆入胶水并少许生油或芝麻油。"

配方共做 36 例，仅摘两例加以介绍。

①明矾＋明胶配方

    朱砂粉 1.5 份（重量比）

    明胶液（5% 水液）1.5 份

    生蛋黄（分散剂）0.1 份

    水 1～2 份

将以上材料于乳钵中轻研腻匀，朱砂细度进一步提高。然后将坯绸（试样）预湿挤干，含水量控制在干织物重量的两倍左右，大约色浆重量又为湿坯的两倍左右，即可进行染色。染色时在浆液中卷揉挤压坯绸，促使朱砂颗粒向丝束内部扩散附着，反复数十至百次，色浆即逐渐淡如橘汁，手中挤干揉匀，即可理平晾起，至将干未干时，以 1% 明矾液浸湿片时，然后晾干即可。

②也可先将坯绸用 5% 明矾水浸湿，汽蒸

附表二 北京造纸研究所关于马王堆一号墓出土 N－17 朱染织物及实验用朱砂粒度测定

检验项目	单位	马王堆出土朱染织物	实验用中国朱砂	实验用美国朱砂
粒度分布(%)	2μ 以下	76	56	56
	2～5μ	20	33	27
	5～10μ	3	9	10.5
	10～15μ	1	1	5
	15～20μ		1	1
	20～30μ			0.5
注	显微镜下观察，出土织物朱砂纤维的结合，为朱砂附着在纤维表面			

10 分钟，再入色浆中揉染，挤干理平。晾至将干时用 2% 胶、矾水（胶∶矾＝1∶1）反正两面喷过，能得到相当均匀的染着效果，能耐受轻度干摩擦和短时的雨淋水湿。但织物手感生硬，看上去也有点像细麻布一样。

2. 干性油、朱砂色浆及染色工艺

此为油水相型（即 O/W 型）涂料色浆。实验以熟桐油做黏合剂，加等量生鸡蛋黄做乳

化剂⑳，再和朱砂粉混匀研腻，滴加适量清水调成乳化浆，然后染色，效果较好。共实验13例，配方与工艺摘举一例如下。

熟桐油＋生蛋黄乳化配方

    a．熟桐油 1 份（约占 15%）

    b．生蛋黄 1 份

    c．朱砂粉 2.5 份

    d．生蛋白 0.5 份

    e．水 2 份

制浆时，先将纯净的生蛋黄另器调匀，再慢慢滴加桐油，边搅边加，直到调成油膏状。然后在乳钵中把朱砂和生蛋白加水研腻，再慢慢调入 a、b 相混的乳膏，制成乳化色浆，即可进行染色。

染前，把坯绸热水预湿，挤干，投入色浆中不停搓揉浸涂染色。方法同前。上色速度很快，至挤出的浆液明显清淡时，手中揉匀、理平，室内通风处吹晾，6 小时后初干，24～28 小时全干。三五日后观察，染得的织物呈鲜明的朱红色。颜料颗粒覆盖均匀，组织点活动，表观具消光性；丝束抱合略紧，织物空隙有所增大，手感爽利，一周后桐油味即消失。有较强的着色牢度，能够在水中揉洗不脱色。优于实验中其他配方。附带说明，历来上层人物对于高级衣着，尤其庆典朝会用的锦、绣服装，不过是应时上身，穿后并不洗涤，对于实用性的耐摩擦耐水洗要求是不高的。

配方中的生蛋黄既是桐油的乳化剂，又是朱砂颜料的分散剂，还使色浆具有渗透作用。所以染得的织物不仅牢度好，外观也格外匀净艳丽。而在同等单位面积，同等用朱量的情况下，这种色浆，比使用蛋白胶类所染的试样，几乎能加深半个级差色调。总体评价，染色效果与文物标本共同性大，比较接近。

根据实验得到的印象：桐油与蛋黄的比例以 1∶1 为宜。涂料色浆中含桐油量的多寡却对染色坚牢度影响极大。从实验中看，色浆中桐油含量占 15% 左右为适当。如少于 7%，用此色浆印花，即会出现渗化现象；用于染色，干后则缺乏耐水牢度。但若桐油含量高过

---

⑳生蛋黄含卵磷脂，是极好的油水相乳化剂。《墨娥小录》下，二，载："鸡子黄适量，入研极细之朱砂二钱，明矾二钱，加麝香少许和匀，卵壳中搅千余匝。封糊卵壳，斋汁中煮半日，冷研细代胭脂，入肤明润。"

25%，染得的织物会显著增厚，手感较硬，表观出现油脂感，色彩偏暗，效果不佳。

朱砂的染着量，以颜料细度2μ以下占80%条件计算，染得的成品淡于朱砂色调者，朱砂染着量约为织物重量的1/3～1/2。如要染得标准朱色，染着量当在织物重量的2/3以上，或者与织物重量相等，而过饱和的染着可以达到织物重量的1.5倍、2倍甚至3倍多。

实验结果，大体和马王堆朱罗染色效果与染着比率相当。

从现代印染学所记录的资料来看，"涂料印染"工艺早期所用黏合剂，主要是卵蛋白和动物胶，产品的耐摩擦、耐水洗牢度都很低，其历史不过距今400年左右。但考古学近半个世纪所提供的资料，却大大突破了上述记录。其上限一直提前到殷商时代的末期，兴盛流行的发端也可以划到西周中叶，大约在公元1世纪前后渐趋衰落。在距今两千年前，朱染织物便有了一千六七百年的历史沿革，创造出一个名贵的丝绸品种和高超的涂料印染技术。也许由于原材料的昂贵，加工技术复杂、独特，使用范围与生产亦有种种限制（如由官工场专营），故方法民间不传，终于湮没。而今天考古发掘所得到的朱染丝绸遗物，真可谓娇艳绝代，在染织史、化学史、应用技术史和服色制度史上，都是非常珍贵的一份遗产，值得深入研究探讨。

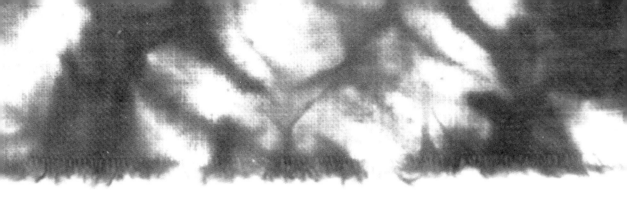

马王堆出土的汉代印花

马王堆一号汉墓的发掘，为我们打开了一座地下"丝绸之库"。丰富的藏品，闪耀着我国古代文化和人民智慧的光辉。这些织物，织造工艺精良、外观华美，品种规格多样化，使我们对于2100多年以前的纺织工业，有了一个新的认识和比较全面的了解。

这里仅以该墓出土的"印花敷彩纱"和"金银色印花纱"为例，试做具体的分析，以探讨其印花工艺与花版问题，并就早期印花工艺的某些情况谈一点粗浅的认识，以期引起更深入的讨论。

一、印花敷彩纱的工艺分析

这是用印花和彩绘相结合的方法加工的丝织物，现在简称之为"印花敷彩纱"。出土的同类实物约有五种。

1. 编号340-32，成幅的印花敷彩纱一件，幅宽约47.5cm，整个色调已经灰暗，花纹也较模糊。

2. 编号329-12，13印花敷彩纱绵袍两件，棕黄色地，彩墨花纹。

3. 编号329-14，印花敷彩纱绵袍一件，紫红色地，花纹和色彩保存得都比较好。

4. 编号N-2，素地印花敷彩纱衣物残片，花纹稍大，笔墨简细。

图1：印花敷彩纱的单个纹样

5. 编号 N-5，印花敷彩纱衾被类残片[①]，片纹和色彩的保存状况不一，有的较差，但多数较好。

以上标本，设色各有不同，但花纹是相似的，工艺也是一致的，故选取 N-5 为例概述如下。

实物为平纹组织，地色呈棕黄调，花纹比较清晰。色彩可有六七种。保存最好的是朱红、粉白和墨色，至今还很鲜明。至于银灰、深灰等数色，可能已经不是本来的色调。它基本上是一种涂料色浆——以天然颜料加黏合剂调制的，颜色的固着牢度还相当好。

纹样似为藤本植物的变化形象（图1），单位较小，外轮廓略如菱形，高、宽约40mm×24mm（花穗部分因嵌入单位纹样间的空隙中，不计入），是按菱形格网密接排列组成画饰的，其风格正和当时的刺绣及漆器花纹相同[②]。

纹样的藤蔓底纹（以下简称底纹），是采用镂空版印到织物上的。线条呈灰色，匀细利落富有弹性，并显示一定厚度。其他部分，如花、叶、蓓蕾等，则是在印好底纹之后，再

①N-5标本有较多的残片，皆为平纹织物，每平方厘米经纬丝各有60根左右，并都加了强捻。厚度约0.06mm。外观精致，孔眼匀细，是略有起皱的一种方目纱。

②单位纹样与蒙古诺因乌拉出土的某些锁绣残片以及近年在中国甘肃武威磨嘴子出土的针黹箧锁绣花纹最为相似，是两汉最通行的纹样之一。可参见梅原末治：《蒙古诺音乌拉发现的遗物》，图版第三三、三四、五八。《丝绸之路》，图一，其他多为变例。

经手工描绘上去，有极为明显的笔触特征。

由于纹样单位较小，印花时费工，因而便把四个单位并作一版，组成一个大的菱形，仍按菱形格骨架排列印花，以提高速度和质量。

印纹有以下特点：

1. 单位纹样的底纹相同，但只有按照四个单位的组合关系，才和其他相应组合具有完全的可重合性。特征点也一致，证明这一组合为一个印花的型版。

2. 印纹细挺流转，线条交叉处，具有镂空版特有的断纹现象。

3. 印纹的颜料曾用黏合剂调和。印花后纱孔被覆盖或堵塞，纹线有凸起，具一定厚度。亦有渍版现象③。其效果与绘花线纹的立体状态相一致，显然与凸版压印的平面纹线相区别。

因此可以认为，这是采用镂空版刷印法直接印花的。照现代印染工艺的说法，又可称作"型版涂料印花"。技法上正和近年磨嘴子48号西汉墓出土的镂版涂料印花绢雷同④，可以互为佐证。

花版问题以往民间多用皮纸镂刻，然后再经加工制成。据说也有用动物皮的，可能都是唐宋以来就流行的旧法⑤。推测秦汉时期的情况，不大可能应用纸版，那么使用天然树脂、漆类处理皮革、麻布、绢帛等薄质纤维制品来镂刻花版也是可能的。比如，同墓出的砑光麻布（厚度仅0.07mm，相当于今天一张新闻纸那么薄），以及更加细密薄滑的丝质绢帛（厚度在0.06mm～0.15mm范围内），都可以是加工制作镂空花版的好材料，约有15cm²的面积就足够应用了。

印花工艺：印底纹时，素坯无须上浆，熨平即可，以利于涂料色浆的渗透和附着，并可得到润泽流畅的印花线条。开印前，还要在花版上做出定位记号，然后从织物的幅边开始，把花版平贴在纱面上，用软毛刷蘸色浆刷印，按规矩接版或跳版连续操作。这样，花纹的

③涂料色浆镂空版印纹的这些特点，在多数保存较好的标本上是明显的。个别的仅余渗入纤维的赭灰色残痕，如N-5⑦标本便是这样。

④甘肃省博物馆：《武威磨嘴子三座汉墓发掘简报》，《文物》1972年12期，21页。出土实物是装裱在笤箩上的，深绛紫色绢地，纹样略如椭圆形，它是分解一个花纹单位三版印花的。其印纹的色浆非常厚重，线条粗简，是典型的镂空版涂料印花。

⑤沈从文：《龙凤艺术》28页，夹缬部分。秦岭云：《民间画工史料》70页。罗卡子：《江苏民间蓝印花布》，《装饰》1960年3期。

位置就比较准确。所以标本上未见有印纹相互重压，以及过分的间隔不均现象。印花的顺序，可能是先横印成排再向纵长扩展。以幅宽 47.5cm 计算，每米可印单位纹样 800～1000 个，即使是四个单位一版，亦须刷印二百来次，印完之后还只是半成品，还要经过下一道更繁复的敷彩工艺才算完成。

我们曾以现代工业用的绝缘绸镂刻了一张底纹花版，版面上纵横皆粘上了几条丝缕（细发亦可），以保持花纹的形状和提高花版的耐用性⑥。涂料色浆的模拟实验曾用鸡蛋清做胶黏剂，但以用蛋黄乳化少量熟桐油再混入颜料者为优⑦。调至腻润得所，即进行刷印实验，印得的花纹光洁利落，厚薄有起伏，显得饱满活泼与标本趋近。而用凸版试印的，则线纹平整，效果单薄，味道恰与那件——金银色印花纱一致，和这件标本迥然不同。

敷彩工艺：银灰色的藤蔓底纹可以说是图案的基础。印得底纹之后，等于为敷彩工艺打了底稿，随即可以按设计要求进行彩绘，即调配各色色浆，把花叶部分一笔笔地描画上去，因此在单位纹样之间相比，自然不如完全的印花那么规整统一，但这也正是它的长处，笔调或是劲秀，或是钝滞，设色或有厚薄，或有浓淡，错落相映，反而给画面以生动气象。

关于绘花敷彩的过程，从几件标本的笔墨关系分析，一般约有六道工序。

1. 在印好的底纹上先绘出朱色的花穗（或花蕊）。

2. 用重墨点出花穗的子房。

3. 勾绘浅银灰色的叶（或卷须）、蓓蕾及纹点。

4. 勾绘暖灰色调的叶与蓓蕾的苞片。

5. 勾绘冷灰（近于蓝黑）色调的叶。

---

⑥我国民间打造花版多有专业工匠。一次可以用薄棉纸百张，黏合四周，按稿镞镂出花纹。然后取十张左右裱在一起制成花版，花版中间还夹有一层丝缕或发丝排成的斜格网络，借以保持版纹的正确形象，并使花版平整耐用。末了，将这种花版在柿漆(用山柿发酵制成的)中浸透，晾干便可使用。在南方还有专用的型版纸生产。镂刻花纹之后，再以桐油将一种大孔丝网粘上，干后使用。

⑦经探讨性实验，把细腻的颜料用动物胶或蛋白等调和，再以单宁或明矾(变性)固化，也可获得较低的耐水效能。但不如用蛋黄乳化熟桐油调制的浆料。熟桐油占浆料的 5%～10%，印得的花纹就能抵抗干湿态下的轻度摩擦，甚至可以略加漂洗，手感也较柔和。

6. 最后用浓厚的白粉勾绘加点。

做到这里，印花和敷彩的全部工艺才算完成。

此外，在一些残片上还可以看到，描绘的顺序时有颠倒，着色也偶有混涂，以及缺笔添画，某些即兴处理的例子也不少，就是在作风上也并不一致[8]。这说明这是出于多人之手共同劳作留下的标记，估计这批印花敷彩织物可能是某种作坊的产品。

起初，人们以单纯的绘花方式加工织物，后来把印花和绘花相结合，这在技术上是一个重大的革新，它用直接印花的办法代替了费工很大的图案底纹部分的手工描绘，不仅提高了生产效率，还兼收底纹规整划一之功。而那艺术效果显著的花叶部分，则依旧用传统的手描笔绘方式加工，目的在保持绘花织物的基本特点，以获得省工而毫不逊色的高级画绘产品[9]。但它孕育着的却是一个新生命——镂空版印花工艺。

二、"金银色"印花纱[10]的工艺分析

这是采用涂料色浆，以多版分色印花方式加工的丝织物。主要标本是编号340-11和24两件成幅的印花纱。与之相同的还有编号337、346两竹笥中的小方残片。编号65-4熏囊的束带，也是这种印花纱缝制的。不过纱带呈棕黄色，印的是黑纹朱点，颜色与前者稍异。

两幅标本（340-11，24），整个色调比较幽暗，青灰色中略带金属光辉。印纹的颜色可能已经变化很大了。现在有的呈银灰色，有的如银白。印点，则大都已经泛黑，极少数作泥金色。仅在沿幅边处发现了若干个朱点，也许这才是它的真面目。所谓"金银色"印花，不过是就现状取名的。它可能是某种矿物颜料，如云母粉之类印成的，并非真有金银。另外，上述各色纹、点，在织物上还有所晕染，留下了隐约的鳞状斑渍，但花纹仍旧保持相当清晰。

印花的涂料色浆是细腻的，有很好的覆盖力，印纹尽管很细薄，却仍表现出均匀的连续性，一般都有将纱孔封闭或填平，因而使织物具有双面花纹的外观。

---

[8]这些现象见于N-5⑦，N-5⑧、N-5⑨及其他残片，不备举。

[9]古代织物装饰靠手工描画的，谓之画绘。《周礼·考工记》有"画绘之事杂五色"的记述。但早期实物前所未见，仅在少数殷代墓葬中发现过某种幔帐之属的遗痕。见郭宝钧等：《一九五二年秋季洛阳东郊发掘报告》，《考古学报》1955年第九册。

[10]标本编号340-11，12，幅宽47cm～48cm，密度和加拈情况与N-5同。在《长沙马王堆一号汉墓》(上，56页；下，一一七图)中曾将其误认"泥金银"印花纱，后经鉴定非是，故改为今名。

图2：金银色印花纱的单个纹样

图3：金银色印花纱的纹样分解

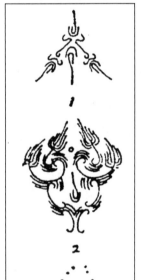

花纹单位的外廓亦如菱形。高、宽约61cm×37mm（图2），纹样全由风劲旋曲的线条和一些小点子所组成，结构紧凑左右对称。显而易见，其作风深受当时金工工艺的影响，仿佛青铜器上的金银错花纹被巧妙地转现到了轻纱上，只是图案的内容已经难以猜度了⑪。

关于印花版的问题，以印花效果、版纹结构和相互关系诸方面考察，采用的应当是凸版，而且是分解了一个花纹单位，做成了三个很小的印模来分色印花的（图3）。有以下特点可以支持这种判断。

1. 花纹的印线弯曲细密，线条的宽度约0.3mm，其间距（就多数而言）仅在0.5mm左右，这是雕刻镂空版难以达到的线纹密度，凸版则不成问题。

2. 印纹的交叉点、接合部多相连接，不是镂空版那样处处分明断开。

3. 用的是涂料色浆，但印纹匀薄平坦，正是凸版压印的特征，未见有镂空版、绢网版那种线条堆厚和渍版现象。

4. 单位纹样用三版组成，在标本的全体上，每一个单位的三版关系，以及各单位之间的关系，是各个特殊的，这证明一块模版只能印出一个花纹单位的一部分。因此也就找不到多单位、大面积分版印花的根据。

5. 三个印模的版面都较小，大致在30mm×40mm范围内⑫，

---

⑪图案的内容从线纹结构来看，近于某种藻草的形象。而整个主纹的组织，却又像是按照兽面纹的格局布置起来的。

⑫第一版的版面呈三角形，第二版（主纹）似六角形，第三版（点纹）作五角形。它们的高、宽依次为28mm×28mm，43mm×38mm，35mm×28mm。

符合凸版手工印花必须易于压印的要求。

印模的制作和所用的材料，只能大概地做个估计。当时可以用木石骨角等物来雕刻，也可以用金属（如铜、锡）或陶土铸、塑加工。这类印模的发明创用，是不乏借鉴的，自早期的印纹陶工艺，到青铜器的范模、肖形印章、模印空心砖，都可以得到启发。我们曾以锌版模做过实地印花实验，得到了相似的效果。

印花的程序大致是织物经过煮练、染色之后，即行整理烫平，铺贴于平滑坚实又略有弹性的垫板上，即可着手印花。首先用第一块模版蘸取涂料色浆，在织物上印出银色的六角形网格来（图4），造成图案学上所谓的龟背骨架，然后用第二块模版在格眼中逐个填充银灰色的主纹。最后以第三块模版，在每个主纹上套印"金色"或朱色的纹点即完成。这种加工形式，可以称之为"模印法"，就像打图章一般逐个挨次地打击，由于定位难以十分严格，所以花纹间时有相互叠压和间隙疏密不均现象。打印的方向，也是

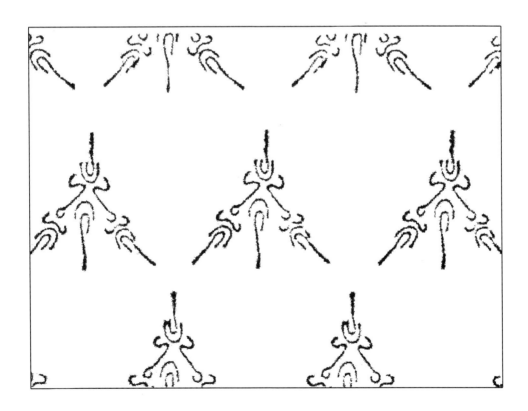

先在织物上模印成排，再一排排地向纵长发展。以幅宽 48cm 计算，每米要印 430 多个小单位，每单位三版，就要印 1200 余次。加上色浆、花版的制备工作，耗费人力之大也是可以想见的。

三、涂料印花的历史情况

最后，这里再来推测一下涂料色浆和印花花版的一些历史情况。

本文上面列举的各标本，都是用天然材料配制成涂料色浆直接印花或绘花的。所谓涂料色浆，就是把具有一定细度的颜料与某种黏合剂共混，制成浆料。印花或绘花之后，水分蒸发，浆料中的黏合剂固化或聚合，借此把颜料黏附于织物表面（它与有机染料的染色机理是很不相同的），并使之具有一般实用意义的牢度。关于这种涂料色浆加工的纺织品遗物，过去实物资料很少，只有山西南宋墓出土的一件"粉剂"印花罗[13]。这次的新发现，年代上却要早得多，也提出了一些新问题，比如色浆中的颜料，目前还不完全清楚，仅在 N-5 标本上查得的，就有辰砂、黑辰砂、硫化铅、绢云母和墨数种[14]。其中多数是以往所不知道的，有待继续做些工作。无疑色浆中的颜料以矿物原料占主要地位，但为了追求色调的变化，可能还调入过某种有机染料，标本上出现的晕染现象以及花纹色调的细微差别，便是它留下的痕迹。至于颜料和涂料色浆的制备工艺，历史更为悠久的绘画和髹漆工艺，早已在这方面积累了丰富的经验，为它准备了必要的条件，特别是天然黏合剂的加工使用，是其中的关键。这个问题，我们从这次出土的许多印、绘织物来看，也是取得了很高成就的。尽管它们在地下埋藏了数千年之久，而且完全处于湿态，其涂料色浆形成的花纹却并未崩解脱落，几乎至今尚能保持着原来的样子，仍有一定的凝结力和附着牢度，这应是很好的实证。说明当时在黏合剂的应用方面，可能已经掌握了有关蛋白质和其他胶类的固化方法，以及把某些天然树脂、干性油或漆类加以乳化、改性的技术，从而使制得的色浆在织物上具有较高的固着力，并能抵抗偶尔的水湿，耐受干湿态下的轻度摩擦。否则，产品就失去起码的穿用价值了。据此想来，这种古老的涂料色浆，在其组成项目，如颜料、黏合剂、乳化剂等方面，已经相当完备，全然可与

---

[13] 陈娟娟：《故宫博物院织绣馆》，《文物》1960 年 1 期 38 页。

[14] 王守道：《马王堆一号汉墓印敷彩纱 (N-5) 颜料的 X 射线物相分析》，《化学通报》1975 年 4 期。

现代涂料色浆的阵容相媲美⑮。从使用范围来看，也比较宽阔。同墓出的朱罗，近年宝鸡西周墓见到的丝织物朱色印痕⑯，都表明这种色浆不只用于印绘工艺，而且还用于成幅丝织物或绣线的着色，即"涂料色浆染色"。其应用年代，至少又向前推移了上千年之久。发展到西汉时期，在技术上，可以认为已臻于成熟。但是，这种涂料色浆，毕竟又为当时条件所限，在广泛、耐久的实用牢度方面难有突破。长期以来，除在宫廷制度、歌舞衣衫等少数特定的方面有所保留外，在日用织物方面总是停步不前。只是到了现代，由于合成高分子化学有了长足的进步，人造黏合剂获得空前优异的性能，涂料色浆的新的飞跃，在现代印染工业中重放异彩。

顺便再谈一下印花敷彩工艺。这是半印半绘的特别加工方式，它有两面性，其产品从外观上看，全然是绘花织物的效果。当时，它一定也是作为绘花织物来生产和使用的。在这个意义上，它向我们展示的是古代绘花织物的基本面貌，使我们对于文献中提到的"画绘之事"得到了形象的了解。而另一方面，从工艺角度考察，便会发现，在彩墨笔调之下，还掩蔽着与之对立的镂版印花工艺，它最初似乎只是为了减轻劳作，提高工效这个技术原因，被悄悄地引入了这一领域。这是一个很大的进步。这种印、绘统一的新关系，又反映着古典的涂料印花是从使用颜料的绘花工艺中产生出来的。但是，由于当时画绘织物的传统习尚影响还深，镂版印花的技巧也难以与之匹敌，发展受到局限。所以在相当长的时期内，这种以印为辅、以绘为主的过渡形式，竟然能与凸版模印工艺（如金银色印花纱规整图案）并行于世，仍以它比较善于摄取生动的题材和清新秀美的装饰风格而见长。然而镂版的出现，终为型版印花工艺的发展壮大奠定了基础。自兹之后，绘花织物的生产便日趋衰落。

关于花版的发生和使用情况，文献资料记载较晚。《二仪实录》所称染缬"秦汉间始有之，陈梁间贵贱通服之"⑰，其所指乃是绑扎、点蜡之类的防染法作品。就以往传世和出土的实物而言，花版的使用多见于7世纪以后。至于6世纪以前，花版究竟是什

⑮参见《染整工艺学》（下），颜料的直接印花部分，《印染学》（下），涂料印花部分。《印花》200页。

⑯朱罗，参见《长沙马王堆一号汉墓》（上），56页。西周丝织物朱色印痕，参见《文物》1976年4期图版一。

⑰参见《续事始》（《说郛》卷十），高承《事物纪原》亦转引，文字稍有出入。

么形式，工艺怎样，就很不清楚了。长沙马王堆一号汉墓印花织物的出土，提供了迄今为止最早的使用花版直接印花的实例，生动、有力地说明，远在公元前一百多年或者更早的时候，富于创造精神的我国劳动人民，就已经出色地应用着镂空版和模版分色印花的全部工艺，创造出精美的作品，做出了杰出的贡献，这在科学技术史和印染工艺史上都是光辉的一页。

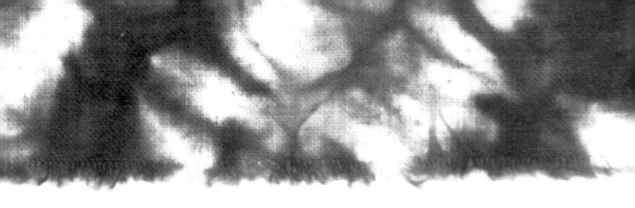

中国古代绞缬工艺

　　绞缬，又名撮缬、撮晕缬，在民间通常称之为"撮花"，是我国古代纺织品加工的一种"防染法"染花工艺。它和印花不同，文献中记述，"以丝缚缯，染之，解丝成文曰缬也"[1]。也就是在丝绸布帛上有计划地使部分织物得不到染色，形成预期的花纹，一般多染作单色的织物本色花。复杂的加工，也可套染出多彩纹样，具有晕渲烂漫、变幻迷离的装饰风格。绞缬的起源可能很早，流行也比较广泛，曾与先后兴起的蜡缬（蜡染）、夹缬（各类印花）相互斗艳，共同构成一个包罗万象的印染工艺体系，统称谓之染缬[2]。但其中唯有绞缬工艺，所需条件最为简单，故最具群众性。它既不靠绘画亦不依赖花版，仅凭针线十指和聪明才智，因便施巧，争奇斗艳，绚丽多彩。只是传世和出土的实物一向较少，故以往不甚为人们所注目。建国以来，随着考古工作的开展，在新疆吐鲁番阿斯塔那附近以及敦煌石窟中，多有新的发现，大都是 4 — 8 世纪的遗物。有些实物标本是过去罕见的，颜色也保存得相当好，加工痕迹还约略可辨，又有纪年文字同出，使我们对古老的绞缬工艺有了许多新的认识。

　　这种绞缬染花织物是怎样具体加工的，有些什么特点，历史情况又是如何，为了探索这些问题，笔者考察了现有实物标本，并多次进行了染花实验，得到了一点感性的认识和

----

①慧琳：《一切经音义》卷四十七。又《韵会》："缬，系也；谓系缯染成文也。"
②参见沈从文：《龙凤艺术·谈染缬》。

启示。下面，依据实验结果，结合相关文献资料，就染缬工艺诸问题试作粗浅的分析讨论。

实验材料：坯绸，采用素白全茧丝平纹织物，厚薄疏密大致与标本相当。试样的染色，由于实验重点在于探讨绞缬的显花技术，即了解它怎样造成防染条件，又怎样获得某种具体花纹和韵味，所以对于古代染料问题暂不涉及。而采用现代有机染料染色，也完全可以达至上述目的（其操作和染色效果应也与某些天然染料相类似[3]，故在染色工艺方面的叙述从略），其他用具不过是普通的针线及供染色的杯盘等。

绞缬加工技术是多种多样的，而且还有许多综合形式。实验举例主要从出土标本中选取，也联系到具有代表性的传世品和相类似的民间纹样。大体分作四个类型加以介绍，即缝绞法、夹板法、打结法、绑扎法等。

一、缝绞法

这是用针线穿缝与绞扎的办法来做防染加工的，标本有三例。

标本 I：是 1959 年新疆阿斯塔那 304 号墓出土的茄紫、绛紫两色"叠胜纹"绞缬绢裙。同出唐垂拱四年（688 年）墓志，是 7 世纪的遗物[4]。

实物标本面积较大，但并非是一块整体织物，是用若干约 8cm 宽的窄长绢条染花之后再拼缝起来的。每一绢条上，留有凹凸两道纵向叠痕。染出的网状花纹，以织物本色晕斑排列组成，每一斑点中心，都有一个明显的针眼。这些叠痕和针眼，是绞缬工艺缝绞法加工的特征。

在织物上以防染技术造成花纹，可有多种方法。此标本系按照工艺设计，将织物（坯绸）裁剪成合适的条块（或是利用零头），然后折叠针缝、绞紧，再经浸水处理，使在织物的相应部位造成机械性防染条件，染色后便显示出"防白"花纹来[5]。这是缝绞型绞缬的一般

---

[3]在实验中，据《天工开物》木红色法，曾以苏枋木 (Caesalpinia sappan，豆科，云实属植物，木材中含有色素) 煮出液，并入少量明矾〔$K_2SO_4 \cdot AI_2(SO_4)_3 \cdot 24H_2O$〕、五倍子做媒染剂，再把坯绸浸入其中染色，温浸 1～2 小时可染得很深的大红色，此法浸染效果与使用直接染料几乎相同。

[4]《文物》1960 年 6 期，3 页图版 14，同刊 1962 年 7、8 期 (合刊)71 页；《文物精华》2 集 15 页，图 2。

[5]在印染过程中，采用这种方法防止织物着色，在织物上保留下本色花纹，现代印染学称为"防白"花纹。

图1：缝绞法示意

加工过程。《旧唐书》曾记述大中十三年（859年）一个童谣故事，提到"京城小儿叠布渍水，纽之向日，谓之拔晕"⑥。若改易"向日"二字为"染色"，可以说这一段文字便是撮染缬工艺的技术口诀。我们的实验完全与之相符合，这是很有意思的。工艺流程大致如下：

1. 叠坯

首先把试样按标本要求裁成8cm×30cm左右的条块，顺纵向做两折使成三叠，大体等宽，断面呈"N"形，并用熨斗将褶痕烫定，以使平整妥帖利于加工。

叠坯的意义，从标本上可以看出，在于利用原花纹网状组织的对称性，以花纹格眼的对角线为轴加以折对，使网格在折对后相重合，并简化成二方连续的带饰图形。这样可使缝绞和染色加工得到最捷便的工艺效能。

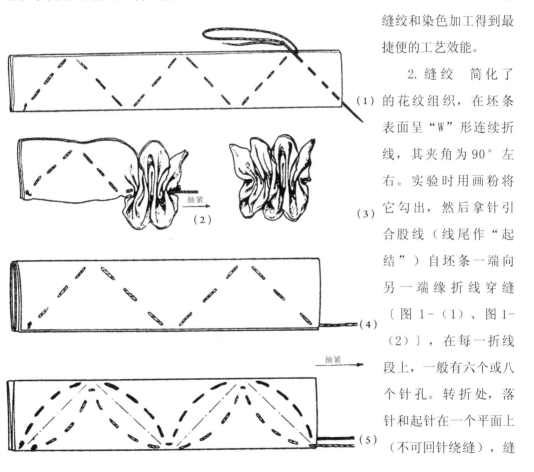

2. 缝绞　简化了的花纹组织，在坯条表面呈"W"形连续折线，其夹角为90°左右。实验时用画粉将它勾出，然后拿针引合股线（线尾作"起结"）自坯条一端向另一端缘折线穿缝〔图1-（1）、图1-（2）〕，在每一折线段上，一般有六个或八个针孔。转折处，落针和起针在一个平面上（不可回针绕缝），缝

⑥见《旧唐书·本纪第十九上》，中华书局点校本，第三册，649页。

到尽头，用力把线抽紧，并做"止结"固定〔图 1-（3）〕，使坯绸在这条抽紧绷直的缝线上卷缩蹙皱，形成密挤的褶襞。在浸水处理之后，这些针孔与针孔对贴相靠最紧的部分，得不到染色，形成防白花纹。此外，在染色前，还要把缝绞好了的坯条两侧那些相互套叠遮掩着的裥褶适当拨开，以免产生过分的、不必要的防染效果。

3. 浸水

一般纺织物染前的浸水处理，是为了防止干燥织物投入染液会造成染色不均现象，同时预湿后能使纤维膨化而利于上染。但浸水应用在绞缬工艺中，却有它的特殊作用，它关系到防染的成败和染花的艺术效果（因此，上述文献把"渍水"与"拔晕"联系在一起）。当缝绞或结扎好了的坯绸浸入水中时，水分即沿着纤维间的微隙向内渗透，直到饱和状态。织物纤维吸湿后就急剧膨胀起来，使缝绞的部位产生一定的内应力⑦，织物在近针孔处及绑扎的地方，就挤紧得更为严实。加上内中又饱含水分，染色时，这些部位便妨碍着染液向里扩散，而得不到染色机会。在一定时间内，染料仅为那些无遮蔽的地方所吸附，遂显现出预期的花纹。

若不做浸水处理，将加工了的干坯投入染液，染液便会较快地渗入缝绞得很结实的部位中去。染色与防染差别很小，甚至感觉不出差别，达不到预期的目的，使防染染花归于失败。然而这一情况是可以有条件地加以利用的。比如，先染浅色再套染深色，或者两色显花时，却是一项浸水与染色的合并工艺，而另有它的实用价值。

实验的坯条，在清洁温热的水中，大约浸渍半小时左右就可完全浸透（如系棉布，则需较长时间），随后即可染色。为了得到与标本 II 相同的格调，可在临染前将坯条自浸水中取起，用干布裹了，适量地吸去一点水分，再投入染液中浸染，这样花色柔和，效果较好。

经验证明，有意调节坯条浸水后的含水量可以强化或减弱染色的防白效应，能染出轮廓尖锐分明或富有晕润层次艺术趣味不同的防白花纹来。

4. 染色

染色时先将染料预溶，调整到需要的浓度。液量（溶比）以能浸过坯条并有相当宽格

---

⑦纤维吸湿膨胀有明显的各向异性，就是纤维的横截面膨胀大，纵向膨胀小，当吸水饱和时，棉纤维截面增大 45% ~ 50%，毛纤维 30% ~ 35%，茧丝 20% ~ 30%。故织物干态被绑扎的部分，浸水后会产生很大的内应力，参阅《纺织材料学》上，214 页。

为好。如采取冷染法，投入坯条之后，须经数小时至数十小时方能染出较深色调。如加温染色，在30℃～90℃范围内，数分钟至数十分钟即可完成。

5．整理

试样坯条自染液中取出后，切不可急于拆除缝线，以免造成污染。应首先把它置入冷水中冲洗，待浮色漂尽，再用干布吸去水分，方可细心地把缝线拆掉，展开坯条，染得的花纹便完全显露出来。随后可在自由状态下把它晾干（不可晒）。至此，标本Ⅰ的缝绞染花实验就基本完成了。染花结果与标本同。

通常成批的加工，是把染色后的坯条洗去浮色，吸去水分，坯绸干后，在织物上面都会保留下针孔和那些强烈的加工褶皱，使绞缬富有独具的与花纹相谐的立体感。这种现象，是由于织物纤维水湿膨化以后，产生了一定的可塑性，再经外力（如缝、扎束缚的压迫）长时间的作用，造成纤维弯曲变形，尤以在湿热条件下更为突出。这种变形会在织物进行干燥（特别是烘干）时被固定下来，在常温下保持稳定。所以原标本上的褶痕，由于出土地区气候比较干燥，虽经历了千年之久还依然完好地保存着。但这种定型的稳定性也是相对的，有条件的。实验表明，当纤维再次水湿膨化时，稍经整理便可消除。因此，如果无须保持绞缬的褶皱，则可在织物未晾干以前，或者干后再给以回湿而把它烫平。

标本Ⅱ：与标本Ⅰ为同式花纹，是1969年新疆阿斯塔那117号墓出土的棕色"叠胜纹"绞缬绢，有唐永淳二年（683年）墓志同出[8]。

标本长16cm、宽5cm，染作棕地本色网状花纹。花纹的格眼趋于菱形，边长在1.5cm左右，一般有三个针眼，四个的居少数。据说出土时还带有缝线，但自发表的图版观察，花纹似曾中断，不像一个完整的加工坯条。

需要一提的，是它的叠坯形式。由于选用的织物较薄，在5cm宽的绢条中，纵向竟叠作五折六层〔图1-（4）〕。熨斗烫定之后，缝绞全同标本Ⅰ。染后展开，其正面的褶痕为"凸凸凸凹凹"排列关系。因为第一个凸褶的两个侧面是坯条的最外层，所以染色较深，其后则浅淡。但在坯绸的反面却得到了总体比较均匀的染色效果，也许这才是实际使用的"正面"。此为叠坯加工特点，其他处理与标本Ⅰ相同，不赘述。

另外，在传世品中有一件"黄地七宝纹绞缬（原题名"夹缬"，非是）绢"[9]。质地疏

⑧《考古》1972年2期，图版捌，1。《丝绸之路》五〇。

⑨《正仓院宝物·染织下》No.86。

薄，淡藕荷色。加工裙皱已经消失，处于平坦状态。估计原物不会过宽，叠坯形式也大致同于上二例，尽管它的防白花纹很为细瘦，花形亦不同于上二例，但制作骨法（基本规则）却是一样的。用前述标本的实际缝线作为对称轴，在每一线段的两侧分别缝两道对称弧线，抽紧钉固〔图1-（5）〕，再染色显花即是。工艺上是前二者的变格。花样则属于"连钱"、"球纹"一类。

由于这种缝绞方式非常适于窄长条织物的加工，将染得的长条对花拼缀制作长裙，实在是富有匠心的利用。那些接缝和叠坯褶痕，正是裙子需要的稳定裥褶；分块的绢条，好染作不同的颜色，或红或紫相间排列，在统一的网纹图案格局中，表现着色彩的变化和对比，效果生动而有丰采。

这种间条式长裙，虽非染缬制品所专创，但无疑染色和染花织物在制作长裙的材料中要占很大比例。这在同期的一些造型艺术品中，多有反映。其名目也许就是文献中所谓的"六破"、"十二破"长裙[⑩]。

纹样的名称可以姑且叫作"网纹缬"。唐李贺诗中就有"醉缬抛红网"[⑪]之句。"醉缬"是绞缬在诗文中的雅致泛称，"红网"才近于专名和对缬纹的形容。含蓄一点，也可称为"叠

⑩两色间条裙例子很多，如执失奉节墓(658年)壁画，舞女着红、白间条裙(见《文物》1959年8期33页下)。红、绿间条裙，见于李爽墓壁画妇女(《文物》1959年3期，50页图版36)，以及《步辇图》宫女之装束。浅紫、酱紫两色间条裙，阿斯塔那泥俑中有典型例子(见《亚洲腹地考古图记 第三卷》，图版XCIX.A，马前之立女俑)。从陶俑方面可以看出为染缬作品的还有：西安东郊王家坟90号唐墓和11号唐墓出土的两件女坐俑(见《陕西唐三彩俑》图版5、6)，以及唐三彩调鸟俑(见《陶俑》图版四七)。其裙皆为下宽上窄色条所拼成，条中有三花或四花一组的绞缬纹。关于这种间条裙子，《全隋诗》丁六娘《十索四首》有"裙裁孔雀罗，红绿相参对"之句，应是此式裙子的反映。《全唐诗》武后时童谣有"红绿复裙长"句，"复裙"，一般指夹裙，未知是否亦是这种间条裙子的称谓。《事物纪原》卷三(丛书集成本)引《实录》曰："隋炀帝作长裙十二破。"《唐会要》卷三十一，570页，开元"十九年六月敕……凡裥色衣不过十二破，浑色衣不过六破"，所指即应是裙裥的拼缝条块数量，但出土物皆突破此制。

⑪《全唐诗》。

图 2：朵花绞缬的缝绞法示意

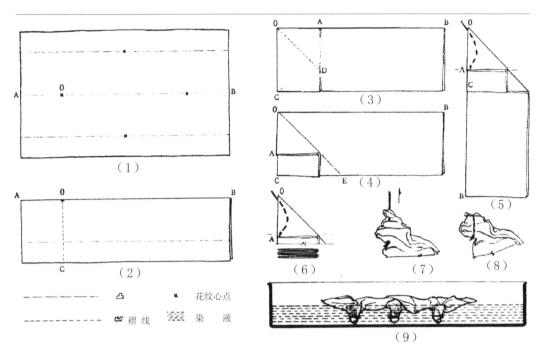

（1）

（2）

（3）

（4）

（5）

（6）　　（7）　　（8）

————　　凸　花纹心点

———　褶线　　染液

（9）

胜纹绞缬"，或是"方胜纹格子绞缬"。

标本Ⅲ：是 1972 年新疆阿斯塔那出土的"朵花绞缬罗"[12]，全长 63cm、宽 15cm，是一件纹罗织物，墨绿色地，染防白花纹。花纹作散点配置，已呈米黄色。花纹之间有浅棕色晕染现象，估计可能是两色染花作品。单个纹样，外廓略似正方形，边长 4cm～5cm。对角线与织物的经纬相重合。花形四瓣，朵状。左右两瓣的上半部，纹点对称，效果相同，上下两瓣则较模糊，唯下瓣的芯部有浓重的墨绿染色，上瓣浅淡，反映着叠坯形式和染色的个性。

缝绞和染色工艺　取条形坯绸为试样，沿纵向折出间距 4cm～5cm 的平行凸褶〔图 2-（1）〕，褶上相距 12cm 左右做上花位记号。以图中 AB 褶示意，O 点为花位中心，先将试样顺褶叠合〔图 2-（2）〕，再以 OC 为褶线，使坯条对叠，OA 与 OB 重合在一直线上〔图 2-（3）〕，然后，以 OD 为轴，将 ODA 叠合于 ODC 上，OA 与 OC 重合，并将 OEB 反折叠合于 OEC 下，OB 与 OC 重合〔图 2-（4）、图 2-（5）〕，即成为一个 45°角八层织物的坯块。

缝绞时，以针引合股线，线尾打结，自 OA 边的 A 端开始行缝，线路呈弧形，起针到 O

[12]《新疆出土文物》图版一五九。

图 3：朵花纹缬的缝绞法坯绸

点的距离，即花纹的对角线之半（即半径），可用这个距离来控制花形的大小。表面有3～4个针脚〔6～8个针眼，图2-（6）〕。然后将缝线抽紧，使织物层极度褶皱，成为疙瘩，顶部向下紧紧绕扎一周止住〔图2-（7）、图2-（8）〕。依此把每个花纹照同一叠坯方法，同样缝绞位置全部缝绞起来，就可进行染色了。

经缝绞加工之后的坯绸，卷缩得很厉害。坯绸正面规则地布满缝绞的疙瘩，背面则形成同网状的褶皱棱格。格内织物向正面凸出（图3上），其断面的高度约1cm，染色时正是利用这种立体状态，进行浅棕、靛蓝两色染花的。

假如先染浅棕，可将浸水处理之后的坯绸完全浸没于棕色染液之中，染至适度时取起，洗去浮色。然后即带着饱和的水分，正面（即缝绞加工的一面）向下，置于一个平底浅盘中。稍事整理以使坯绸高低均匀，随即徐徐把蓝色染液注入浅盘中，当液面达到坯绸断面高度的2/3处即止〔图2-（9）〕。这样可以把花纹和它上下左右较大的间隔处套染作深而匀的墨绿色，而花纹斜向间隔处，仍保留着前次染得的晕润浅棕色。待所染色调合度时，即将

坯绸平稳取起，或者先把染液自盘底放出，再用清水自上把浮色淋洗净尽，干布吸去多余水分，晾干拆线即得本色花纹。实验结果：花纹匀称而有写实感，与标本效果相同。

需要指出的是，这种朵花两色绞缬，当时由于考虑技术上的方便，或者顾及花形的分瓣对称，而采用了以上叠坯形式。但这种加工方法却使两色效果过于渗混，对比减弱。在同类花式中，较典型的例子，还有日本正仓院一件唐代传世品，原定名为"黄地甃纹绞缬绝"。织物通体染为土黄色斜条格子，交

叉点染作墨绿色，格中即填有朵花式缝绞法染花，使人感到一种组织严谨的图案化趣味。其实它的制作工艺基本和前者相同，只是坯绸的对折关系略有不同而已。从正仓院实物上可以看到，花纹作正方形，明显浓重的墨绿色对角线，将它十字分割，而在左上角内（相当于第二象限角）形成的缝绞纹点最为清晰，其余皆较模糊。这说明叠坯、染色时，这个角内的织物完全处于表层，具体叠缝形式如示意图〔图4-（1）～（4）〕，其优点在于缝绞花纹全部完成后，织物缩皱所造成的立体结构非常规则，背面出现整齐、深陷的蜂房式凹兜〔图4-（6）、图4-（7）〕，这对于造成方格式两色染花极为有利。

染色工艺同前例，先将坯绸预湿，全浸没染成土黄色，冲去浮色后，把缝绞的一面向下，平置于浅盘中，并将所形成的凹兜予以整理，使底部平坦，上部趋于同一高度。再注入染液，"半浸没"套染蓝色。液面以没过凹兜底部为度〔图4-（5）〕。相当

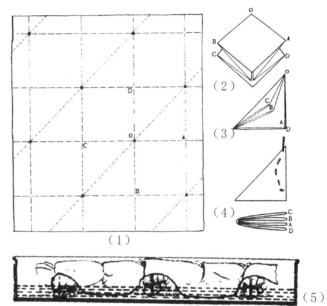

（1）
（2）
（3）
（4）

（5）
（6）

（7）

图5：网纹绞缬的半浸染方法示意
图6：半浸染法染得的网纹绞缬实样
图7：河南洛阳出土套色网纹缬三彩罐
图8：辽宁绥中民间葫芦花和蝴蝶花绞缬

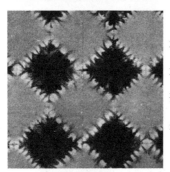

时间（或多次浸染）以后取起，充分洗去浮色，晾干即成。其结果是两染而得四色（蓝、绿、黄、白），对比柔和而分明，花色晕润，格调感强烈，是这一加工方式的代表。

这种朵花绞缬工艺，技术上比较灵活，局限性小，宜于大块织物的染花加工。同时富于表现力，无论是生色散花式样，还是格架严整的装饰效果，兼有所长，特别是"半浸没"套染技术的创用，可谓是一种出奇制胜的手段。可惜这类遗物甚为少见。

为了对这种"半浸没"染花技术增加一点感性认识，笔者把Ⅰ号标本的网状缝绞坯绸用来一试。坯绸浸水后，将其一侧先在浅盘中"半浸没"（液面不超过坯绸中部缝线），染得深绿色（图5）。取起水洗后，再把另一侧同法染桃红。水洗后拆线一看，以网格防白花点为界，竟染成一格红一格绿、清清楚楚规规整整、棋局格子式的撮晕花样（图6）。这种网状两色格子绞缬，在考古发掘和传世品中都还没有发现过实物。但从近年洛阳出土的三彩器物上，却看到了这种花纹的间接反映（图7）。网纹做复式处理，格中染色蓝、绿相间排列；格内还填扎出小花。三色套染，加工比想象的更为复杂。据此设想，各种形式的绞缬待染坯，皆可在浅盘中做单色侧的"半浸没"染色，或者两色两侧颠倒染色，也可以局部加工和多色套染。其产品就会更加瑰丽而多变幻，获得难以预料的成功。它标志着当时绞缬工艺的新发展、新水平，体现了劳动者，特别是妇女们的无比技巧。

图 9：蝶纹绞缬叠坯及缝扎示意

图 10：河北民间叠缝法花边绞缬

图 11：河北、山东民间凤蝶绞缬

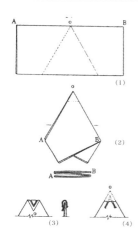
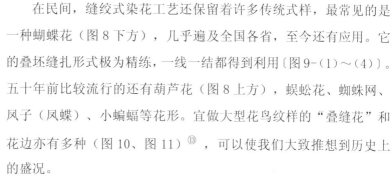

在民间，缝绞式染花工艺还保留着许多传统式样，最常见的是一种蝴蝶花（图 8 下方），几乎遍及全国各省，至今还有应用。它的叠坯缝扎形式极为精练，一线一结都得到利用〔图 9-（1）～（4）〕。五十年前比较流行的还有葫芦花（图 8 上方），蜈蚣花、蜘蛛网、凤子（凤蝶）、小蝙蝠等花形。宜做大型花鸟纹样的"叠缝花"和花边亦有多种（图 10、图 11）⑬，可以使我们大致推想到历史上的盛况。

二、夹板法

纺织物被巧妙地折叠之后，再用成对的几何形小板块将其缚扎夹持起来，经染色可获得别具一格的防白花纹，是绞缬工艺的又一种形式。

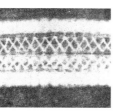
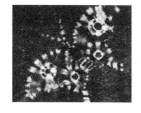

标本 IV：夹板法的作品，出土物以往未见。唯近年来在敦煌莫高窟发现一例，编号为 K130：12，原定名为"夹缬绢幡"，湖蓝色地，全白方块纹样，时代属盛唐开元天宝（713—756）之际⑭。

实物长约 8cm、宽约 7cm，质地较薄，上端一部分为幡头所缝掩。方块花纹的边长约 1.2cm。加工单位体现不完整，初见之下，会以为它是最简单的绑扎法绞缬，但找不到环扎心点。揣摩其坯绸折对关系，才感到它可能是夹板防染绞缬。此法比绑扎还有其简便处，

⑬绞缬，现代工艺美术界一般称作"扎染"，在民间如辽宁、河南、云南皆称为"撮花"、"撮花布"，山东东部称为"搹花"。大花形有葫芦花（辽宁、河北），团凤子、团花蝴蝶（山东、湖北），以及整幅被单褥表的"叠缝花"（贵州印江县，先用香火头在织物反面画上样稿捏褶缭缝成任意纹样）和钩牙边（河北）等。小型的尚有玉米花、小蜂子、小蝙蝠（山东）和蜈蚣花（云南）种种。

⑭《文物》1972 年 12 期 63 页表中第 12 项。

图 12：夹板绞缬叠坯法示意

图 13：夹板及加持坯绸情形

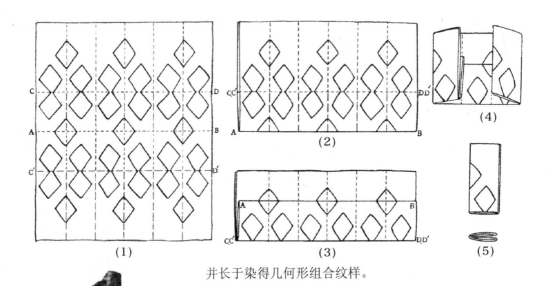

（1）　　　　　　　　（2）　　　（4）

（3）　　　（5）

并长于染得几何形组合纹样。

叠坯加工，估算标本加工时为原长 15cm、宽 12cm 的薄绸。其完全的一次加工纹样应如示意图〔图 12-（1）〕所示。叠坯时以 AB 为褶线折合，再以 CD 为褶线折合。然后将此坯横向 6 等分。自两边向中心对折成 6 叠〔图 12-（2）～（5）〕，共 24 层。表面纹线所示，即防白花纹所在位置。最后用双菱形凸模夹板（竹木皆可）在图示位置上对夹缚定（图 13），充分浸水之后，便可进行浸染。染后水洗，除去夹板，展开织物即成此式花纹。据传世品和古绘画中所见，此种方法，多用作条带织物的退晕加工[15]。其夹板更为简单，只是不大的两块或几对方形木片即可。总的来说，这种方法，专宜做小面积的几何纹样，若须大面积加工，须另备大型花式夹板。

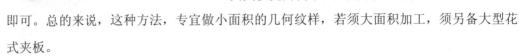

三、打结法

这是简单到连针线也不用的绞缬形式。将坯绸做经纬向或对角折叠，在不同位置上以

⑮《御物上代染织纹》图版 18，"晕绚夹缬绝"。

图 14：打结法示意

图 15：打结法绞缬拼花示意

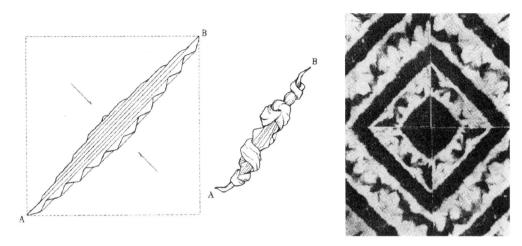

织物自身打结抽紧，然后浸水染色，可得到极为有趣的防白花纹。前引《旧唐书》中提到的"纽之向日"一语，"纽"应是指的打结法，把坯绸打了结染色，就是它的具体工艺形式。但出土实物未见。日本正仓院有一件"绯夹缬绝"[16]，似应属这类作品。花纹为一小局部，整体加工方法还难以猜度。然而这一形式为绞缬的基本组成部分毫无疑问。这里只做技术上的演示，聊备一格。

它的加工方法可演示如图（图 14）。取方形坯绸一块，大小不拘，比如 12cm×12cm，顺对角线 AB 平行等距密折，使坯绸呈束条状，就可以从中部向两端各打两个单结。略为抽紧，即可浸水，再浸入染液染色。打开结子后，花纹呈花边状，与坯绸束条成垂直方向。可把很多这样染花的方块织物拼缀起来，对花构成纹锦花样（图 15）。但这种方式在民间绞缬工艺中亦不多见，其用料过于琐碎，宜做百衲衣一类物件。

四、绑扎法

叠坯或不叠坯将织物加以绑扎，以造成防白花纹，这是绞缬中最典型的加工形式。

标本 V：是 1959 年新疆阿斯塔那 305 号墓出土的大红绞缬绢，残长 14.5cm、宽 7.5cm，方框形防白花纹。同出有前秦建元二十年（384 年）文书，为目前所见年代最早的绞缬实物[17]。

---

[16]《御物上代染织纹》图版 139。

[17]《文物》1960 年 6 期 4 页图版 19；《文物精华》2 集，阿斯塔那 305 墓染花绢。

图16：新疆阿斯塔那出土北朝醉眼缬

花纹做散点布置，单个纹样呈正方形，边长约1cm，其对角线完全重合在织物的经纬线上，而且无一例外。自方框中心染色部分向四周有放射状晕染皱纹，是绑扎染色留下的痕迹。

与之同式并同时的遗物，还有于田出土的"绯红色绞缬绢"及1967年阿斯塔那85号墓出土的大红、绛色两件绞缬绢⑱。它们工艺相同，但意趣各异（图16）。小型花纹标本，则有1973年发现的唐代泥头木身女俑，肩搭一条豆绿色丝质罗纱披巾，巾上所染方框花形很小，边长不到0.2cm。

这种绞缬出土较多，在传世品中还有不少相同或变格的实例，在民间亦有流传。它是绞缬工艺中最单纯最有代表性的纹样。

1. 绑扎加工

由于花纹自成单位，它可以在织物上自由布置，或作散点、行列，或组合成各式图形。织物面积大小都能适应，可任意取坯绸一块作为试样。

绑扎花纹时，在坯绸上可先用画粉点出位置，然后将做了记号的部位用针或钩挑起织物的一小点，把坯绸局部撮成"收伞"状，接着在这个"伞"顶的下方（相距0.3cm～0.4cm处），以合股线环扎一两圈或数圈，打套结绞紧止住。照此类推，扎完为止。被扎线压着的地方，染后即可形成防白花纹，但绑线之间须紧密相靠，把所扎之处完全覆盖，方能得到与标本一致的结果。如果绑线间相离，出现空隙，就会染出另样情调的花纹来。关于这种花纹的加工，有的文章认为是把谷粒包在织物中扎染出来的⑲，但从实验情况来看，包了颗粒绑扎

⑱大红、绛色绞缬绢，见《丝绸之路》四八、四九。小花纹标本见《新疆出土文物》图版一二一。

⑲《文物》1962年7、8期71页，同刊1972年12期60页。

图 17：醉眼缬的复原实样

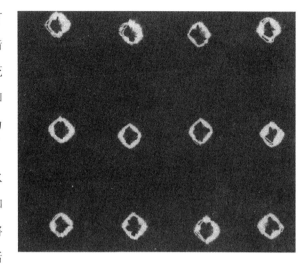

染得的花纹，其内部因织物在球面上有叠压，产生很多缺刻，甚至连花纹也错断变形，与本例凭空撮揪扎染所得的花纹相较，是很不相同的。在其他出土和传世品中也未见到这种实证，不能引为通例。

试样经绑扎加工之后，先进行浸水处理。为使花纹轮廓利落，需带着饱和的水分投入染液，同时也可在染液中将试样略施牵伸，以减弱晕染效果。染后水洗后晾干，拆除绑线，花纹一如标本（图 17）。在花纹部位因绑扎造成的褶皱使织物略略突起，效果有些像现代的皱纹印花和轧花织物[20]。

2. 关于花纹的几何形状问题

为什么这种绞缬花纹总是方形的，并且在织物上又是定向的呢？从实践中看，凡是采用经纬构造的织物（不是针织品）来做试样的，也无论是平纹、斜纹、罗纹，只要质料不过厚，花形不过大（比如2cm以内），那么，撮起织物一点，加以环扎，染得的花纹就一定是方形的。其对角线也总是与经纬线垂直平行，可说是一条定则。若想以绑扎法在经纬织物（比如棉布）上得到圆形花纹，却是比较困难的事。除非采取特殊措施，运用经验，变换条件方能有所改善，否则不成。然而换一种材料，不是棉布而是用棉纸来做试样，照旧用上述办法加以环扎，可以毫不费力地得出圆形花纹来，却绝不可能得到方形的。一样的绑扎，两样的结果，这是什么缘故？"唯物辩证法认为外因是变化的条件，内因是变化的根据，外因通过内因而起作用"。收伞状环扎的办法能使棉布染出方形花纹，但不能使棉纸获得同样效果，说明棉布比棉纸有着不同的内在结构。认识这个问题，还要对织物内部构造在环扎过程中

---

[20]皱纹印花：以浓烧碱液在棉布上局部处理，使发生部分皱缩，形成泡泡，商品名"泡泡纱"。轧花也叫轧纹，用阳纹和阴纹轧辊相互吻合把织物热轧出凹凸花纹。

图 18：醉眼缬几何形状的模型演示与绑扎示意

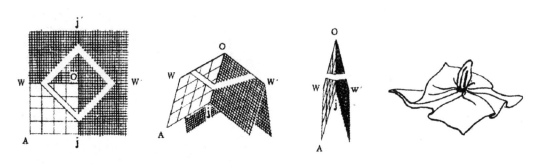

的运动情况做些了解。

　　为了观察上的方便，剪一块做窗纱用的铁纱代作试样，大小约 5cm×5cm 即足用。在这块金属织物上，依照标本 V 的环扎工艺做模型演示（图 18）。首先定铁纱的心点 O 为花纹的中心。过心点 O 相互垂直、平分的经线和纬线把铁纱"田"字式划为四个正方形（对铁纱来说，也是一个对称形）。当把中心点用线穿了，向上提起，铁纱周围向下收拢起，使处于不扎加工状态时，便可发现，由于四边形的不稳定性，织物组织点又可转动，由经、纬铁线相互垂直交织构成的所有正方形，因外力的作用，变成越来越扁长的菱形。请看示意图中简化的部分，jAWO 的对角线 OA 极度伸长，Wj 则极度缩短，成为一个细瘦的菱形。环扎线正好压在这最短的对角线上。由于整体是一个中心对称形，所谓四处皆然。这时，试样上形成的收伞状表面，接近是一个很尖锐的正四棱锥体，防白花纹就是环绕着它的底平面边沿扎出来的。不妨用白色颜料在这里环涂一周，当作绑扎，随后"解除束缚"，加以理平，使铁纱组织的几何变形又恢复到原来状态。"扎线"随着对角线 jW 的复原而展长，花纹即成正方形。它的边与织物经、纬成 45°角。它的对角线分别重合在经纬线上，这种现象是棉布经纬构造固有的几何变形决定的。而棉纸却不具这种构造，也就没有这种变形机理，虽然外力条件相同，它却不能产生出和经、纬织物一样的方形定向花纹来。

　　此外还有几种同式标本，如 67TAM85：3 大红绞缬和 67TAM85：4 绛色绞缬，花纹都是交错成行排列的，花纹边长为 0.5cm～0.6cm，防白面积较大，几乎成一方块形，中心仅留很小方形染点，这是因为绑扎面较宽，用线较粗造成的。这类绞缬过去在吐峪沟、阿斯塔那、克孜尔等地皆有发现，染色有红、蓝、绛、紫各色。

　　传世品在日本较多，其中一件"缥地目交绞缬絁"是环扎又配合以叠坯方法染成

80

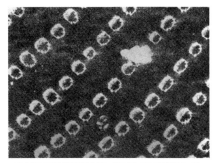

的（图19）[21]。其工艺过程是把织物斜叠出等距平行的凸褶，熨斗烫定，自最外一行开始，顺褶使织物成双层，再以花纹中心为对折点，折成直角，在折点下方加以环扎〔图20-(1)～(5)〕。折叠方向保持一致，逐行逐个扎完为止。由于规则的折叠，织物扎处半被掩蔽，花纹就形成半明半暗的状况，是一种简单的变格形式。此外还有大花散绕扎线，大花套染（如罽䍨）等多种复杂的变化形式，是这种技法的高级纹样。

另一件，"赤地目绞纹缬"[22]，则是方框形花纹的组合纹样的例子。其中心大花作"回"字形，是由上下两层环扎形成的。六个小方框纹对称地配置在周围，组成一个图案单位，再以它组成面饰。有意思的是，绑扎之处，织物内面，由于染色时受到影响，色调就较正面淡薄。尤其当坯绸组织紧密，染液温度较低或染色时间较短时，这种差别就更为明显。这件标本就是利用了这种情况，染后使用织物的反面，得到的花芯颜色浅于整个地子，显出染花层次的工艺效果。

一般说来，绑扎法乃是绞缬的典型工艺，而环扎方式又是它的基本技法，能适用于各种纺织物，又不为面积、厚薄所限制，花纹可大可小，宜简宜繁，巧妙地加以组合变化，点染套色，就会产生出万千不同意趣的撮晕花样来。但比较常见和通行的，却仍是这

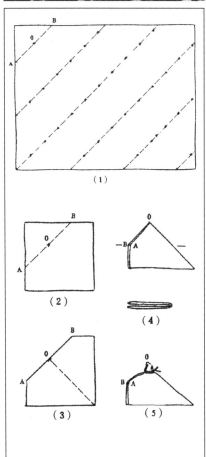

㉑《御物上代染织物》9。

㉒《正仓院宝物·染织下》No.103。

种单纯的方框形散点格式花纹。

3. 关于花纹的名称

由于种种原因，名目较多。如标本 V 这种染作红地或紫地白花的绞缬，唐宋以来近乎定型化了。比较通行的名称，叫作"鹿胎"。直观地说，是因为它的文采效果似鹿斑而得名。这从《搜神后记》所载淮南陈氏遇二鹿精化美女着紫缬襦故事也可得到印证[23]。但"鹿胎"花样的由来，很可能是受到六朝以来采捕鹿胎羔皮制作巾、冠影响形成的。关于鹿胎花纹的形容，6 世纪初，庾信《谢滕王赍巾启》说道："鹿子巾一枚，解角新胎，戴藤初孕，落星交映，连珠疏点……"描写得确切具体。之后在唐代诗文中出现了更多的反映，如李群玉《寄友人鹿胎冠子》诗："数点疏星紫锦斑，仙家新样剪三山。"形容完全和庾句相同。当时鹿胎冠、鹿皮巾、鹿巾名目繁多，其实都不过是一种便装裹束的鹿羔皮帽子，流行于社会上层文士、官员中，也许还时有花样翻新，作为礼品相互酬答，成为奢侈工艺品[24]。因而紫地白花绞缬便以"鹿子"、"鹿胎"花样为名，甚至还影响花卉的命名，《洛阳牡丹记》中就有"鹿胎花"，明白指出："多叶紫花，有白点，如鹿胎之纹。"到北宋时，政府下令，"毋得采捕鹿胎制造冠子"[25]。此后也许染花织物的鹿胎缬在巾、冠方面才更多地得到应用流行。如稍晚的绘画资料，山西右玉宝宁寺元代旧稿水陆画其中有一幅"往古九流百家诸士艺术众"[26]，画面下部，是非常写实的社会下层杂技艺人行列，共十一人，半数以上以这种绞缬为衣饰。其中两个主要人物，头戴蓝地方框白花缬帽，并垂两带于脑后。它应是鹿子巾、鹿胎冠子旧制的写照。

但是由于时代、地区的不同，以及艺术效果等方面的缘故，这种鹿胎花样还有过一些特殊的名目。例如，借助叠坯加工染作半明半暗的花纹，或者因褶皱绑扎得细碎又染

[23] 参见沈从文前书 30 页，关于"胎鹿"花样的考证。

[24] 李群玉诗见《全唐诗》卷五百七十，6611 页。又如：上官昭容《游长宁公主流杯池》："横铺豹皮褥，侧带鹿胎巾。"皮日休《寄题镜岩周尊师所居》："八十余年住镜岩，鹿皮巾下雪髟髟。"韦庄《雨霁池上作呈侯学士》："鹿巾藜杖葛衣轻。"从这里可以看出当时之习尚。

[25] 《宋史》中华书局本，志 3575 页。

[26] 《文物》1962 年 4、5 期合刊，3 页彩版。

得朦胧感较强的花纹，在古代的诗文中曾被称作"醉眼缬"[27]，生动地表达了它的妩媚。更有趣的例子是，这种看来十分简单的绞缬纹样，只要把它的花形缩小到 0.2cm～0.4cm 大小，密集到地、纹相当，其工艺过程就会变得极为烦琐，如果照此要求加工一条长裙，就得一个一个地绑扎几万到几十万个疙瘩，纵有某种简便工具辅助，也需很长时间才能完成。加工后织物面积会成比例地收缩，实际使用绸料和工作时间也随之成比例地增大。其费工耗时足以和某些织锦、刺绣相比。更不说那些极为繁难的综合加工形式了，当染色、干燥拆线之后，绸面呈现出密密麻麻的立体小点子，犹如满饰珠玑，精美无匹。若染作红地白纹，著名的"鱼子缬"，应当就是这个样子[28]。前面提到的阿斯塔那发现的泥头木身女俑，肩上搭着一条绞缬实物披巾，染作豆绿色，上面有三点一组的方框形缬纹，单个花纹的边长尚不足 0.2cm，由于花组稀少，工夫上是不能和密集式"鱼子缬"同日而语的，但它却是考古发掘品中花纹最小的绞缬实物了。

此外，如果考虑一下同时期的有关绘画、雕塑等造型艺术品，还可以看到这种绞缬纹样的许多图像材料，使我们对它的应用情况增加一些了解。仅以花饰为例，时代较早的有山西大同司马金龙墓出土的木版漆画，内中妇女的飘带即绘有此式缬纹；还有吉林集安舞俑冢壁画中舞者的服装；其后是陕西出土的大量彩绘陶俑、唐三彩俑的衣着和三彩器物；敦煌壁画中某些仪仗服装和其他装饰方面，这种方框形缬纹的反映是不胜枚举的[29]。使用范

---

[27] "醉眼缬"即"眼缬"，如日本的"目绞"。庾信《夜听捣衣》有"花鬟醉眼缬，龙子细纹红"之句；李贺诗"龟甲屏风醉眼缬"；张宪诗"郎君转面醉眼缬"等。《髹饰录》102"彰髹条"有"晕眼斑"之名。今人王畅安解释"晕眼斑"，可能由斑中套斑而得名，通观起来就可明白，"醉"即"晕"的一种形容，眼缬则是它的本名，就是这种如醉眼蒙眬的方框形花纹。

[28] 鱼子缬见《全唐诗》卷五百八十四段成式《嘲飞卿七首》"醉袂几侵鱼子缬"，《戏高侍御七首》"厌裁鱼子深红缬，泥觅蜻蜓浅碧绫。"又《西域文化研究（六）·历史与美术的诸问题》27 页图版八，亦将此式绞缬定名为鱼子缬。

[29] 司马金龙墓漆画见《文物》1972 年 3 期 12。画在衣裤上的方框形缬纹还有集安舞俑冢壁画，见《通沟》卷下，图版三、四、五、六、十三、十四；《陕西唐三彩》2，女立俑。永泰公主墓出土男立俑见《文物》1964 年 1 期，150 页，图 5；咸阳底张湾唐墓骑马俑、戴风帽俑，见于《文物参考资料》1954 年 10 期，封面及图版 56。敦煌第 156 窟，张议潮出行图仪仗衣着等。

围也相当广泛，遍及衣物屏帐等各方面，颜色也不限于青碧红紫，并因时世所尚，鹿胎花样还转用到其他工艺品的装潢上，甚至建筑彩画、花卉命名无不留下它的影子。

五、绞缬的渊源

关于绞缬工艺的渊源，目前还不大清楚。如果单纯从技术方面加以推测，它的产生年代可能比较早。远在织物施行染色的开端时期，操作过程中，由于坯布的拼接补缀、扎缝做记号等处置，便会在织物上造成失染斑纹。受到这种启示，就有可能逐步创造出绞缬工艺来。同时也会因其方法简便，易于流传，较快得到发展。然而，这终究是一种逻辑模式的想象，技术史的实际进程，往往极为曲折复杂。绞缬的发明到广泛应用，其间也许延宕了非常久远的时间。我们从先秦文物、文献里，还找不到它的踪迹，仅在两汉某些彩绘陶俑衣着上，以及石刻画像人物的头巾中，看到一点类似绞缬样的反映[30]。联系魏晋以来的内外赠遗织物中，"杂缯"、"彩缯"数字十分巨大，这些"杂缯"、"彩缯"当是锦绣以外的印、染花纹一般性织物。但从直接材料方面考察，近三十年来各地出土的汉代纺织物为数已相当可观，可是除细纹的印花、绘花织物外，还没有从中发现绞缬染花织物的实例。现在我们看到的绞缬最早标本（标本Ⅴ），约是北朝初年的遗物。

自这个时期以后，考古资料转多，传播的地域也非常广泛。西北边陲新疆、河西走廊，中原陕、晋地区，直到东北三省的东部，都有直接、间接的文物出土。显而易见，4世纪以后，绞缬工艺不仅已经成熟，而且随着民族的融合进入了普遍流行时期，并有可能于此一时期经朝鲜或稍后通过南方海上贸易传往日本。《二仪实录》谓染缬"秦汉间始有之，陈梁间贵贱通服之"[31]，似应不无根据。若把出土文物与文献两相映对，便勾画出南北朝之际绞缬染花织物盛行的概况。及至唐代，达到了高潮。上起宫廷下及民间，也无论官吏文士、歌舞侍女，以至仪仗卫队，其诸般服物屏帐巾带幡头之饰，多用绞缬。大凡精工华美之作，为社会上的中上层妇女所享用，价值已和贵重的织锦刺绣仿佛，是式样美观、做工精细的高级时装材料。一般小巧加工物件，如朴质优美的"青碧缬"裙衫，则是劳动妇女家常衣饰绞缬工艺的空前发展和应用，取得了一代独秀的成就。唐宋以后，随着商品生产的日益

---

[30] 衣着花纹见于山东无影山西汉墓出土。"陶乐舞杂技俑"，女舞伎衣着，方形花纹不甚严格。又见《陶俑》图版一〇女俑两件，有点状方块状花纹。头巾花纹见于《沂南古画像石墓发掘报告》，图版55、56。

[31] 见《续事始》（《说郛》卷十）。

扩大，一般性纺织品印花工艺有了长足进步，各类花版的打造形成专业分工，技术方面多有突破，印花工艺由手工作坊（如彩帛铺）逐步跨进了现代工业生产。而绞缬工艺，由于自身特点所限，却随着印花织物（如蓝印花布等）的普及而日趋低落，仅在民间艺人和家庭中以它独有的艺术魅力代代相传。

　　附记：拙稿于1964年在夏鼐教授支持下写成，1972年后根据新出土的资料做补充修改时，又蒙夏先生提出许多宝贵意见，并在他支持下完成了许多实验，谨志于此，以示对夏先生的怀念。

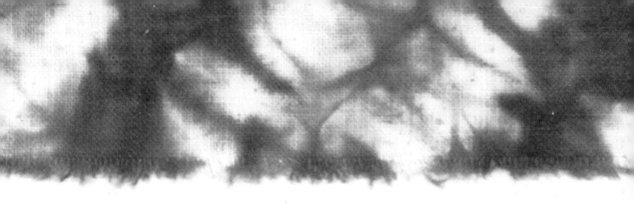

骨螺染色

红里骨螺，莱州湾产，外套膜下鳃下腺活体，呈粉黄至黄绿色，状如黏液或黏膏，一个骨螺可取得0.1克～0.2克。海螺捞出水后，潮湿无海水养条件下可活一周左右，若市场获得鲜品（比如一二日内运到之鲜货）可清水刷洗净外壳的黏液，注意不得以淡水浸泡，淡水冲刷泥才可，然后装入塑料袋（内不可有水）留出气孔，放冰箱下层4℃～6℃保存，能存活一周到十天，两三天应检查一次，有死的剔出去，如鳃下腺存留仍可染色，也以此机会透透空气增氧，据水产市场人员讲干放可活几天。

骨螺有多种，其鳃下腺可做染色之物质，天然具士林染料之成分，故染色牢度极佳。但由于一个骨螺得量极少，地中海古代染色工艺人估计：每次以一个海螺染一缕毛绒，或染一缕麻纤维，逐日逐月长年积累，至万数骨螺所染之纤维线成纱，再用以织布，其贵重可以想见，故名"帝王紫"，普通人不得服用，也服用不起。一件长衣如需3.5米的衣料，浅紫色每10cm×10cm需2～4个骨螺，那么一件衣服需600～1200个骨螺才能做成，加上旷日持久损耗及加工，剖螺时有、无，多、少及染质不均等问题，实际用量要大得多，要高出统计量的数倍。染深色要加两三倍到四五倍数量，故某些专家估计一件衣服可能要上万个骨螺才能染得，以今日市场价来计算，每10元人民币可得4枚骨螺，1200个为3000元，加上染工，一件连衣裙的中浅染色用费至少在6000元人民币（合560英镑，或

750 美元，如染色出现疵病，则损失 100%）上下，其昂贵不敢想象。如染深色，价格还要再加数倍！想古代通行"帝王紫"年月，骨螺的价格更会腾贵，加之王命催逼，骨螺之身价可比黄金！

骨螺中之染色物质是阳光显色的，原腺体中物，为黄白或黄绿色，湿态，光照以后转为各种深浅色调的紫色，如光照不足而干燥，便会出现绿蓝色调。这一点如成功控制，便可染出紫以外的色调。

这种古代在地中海地区红得发紫的名贵染色工艺，在中国古代是否存在？答案十分肯定。我国海岸线长，跨越温寒及亚热带，特别是在纬度 35℃～40℃的山东半岛的渤海湾、胶州湾，骨螺富产。《荀子》记载战国时齐国的富有，因正处其莱州湾其地，曰："东海则有紫蚨（紶）鱼盐焉，然而中国得而衣食之。"鱼盐为食，紫蚨作衣，可令齐国富足，这紫蚨产之东海，虫边，必非植物，此字或作"纟"旁（紶），皆后人考定臆改，或以为是"龟脚"，周达观《真腊风土记》及同乡夏鼐作注，可知对"蚨"的解说都指的是一种主要食用的"龟手藤壶"介壳动物，而骨螺在海床上以吸食腐败动物黏液为生，海边人均知其脏秽无比，且黏液百洗不净，故不为海边人欢迎。且有异臭，只有将腹足煮熟曝干，水发再食尚可。再是取其螺壳，打洞穿绳，穿于长绳（曰纲）上，数百成千，下入海中以诱捕章鱼，因而有俗谚"钻入螺壳里也要把你挖出来"。这种红（橘红色）骨螺其大如拳，壳表往往长满寄居"藤壶"科软体动物，大连、山东名曰"马牙"。其外套膜腺体呈粉黄至黄绿色，是染紫的绝佳材料。

齐国是否用它染紫呢？《史记·苏秦列传》称："齐紫，败素也，而贾（价）十倍。"因而五匹（或十匹）素白绢帛换不到一匹紫的（"五素不得一紫"，或"十素不得一紫"）。由于它非同一般，九合诸侯一霸天下的齐国之君齐桓公就好服紫，"齐紫"名噪天下当从此起。由于上面所好，造成了一国尽服紫的奢靡风气。当然不大可能一般老百姓也穿这种帝王紫，"一国"之词，可能指贵族与士大夫，老百姓是不足称道的。这也是了不得的经济消耗，后来齐桓公想禁止这种紫色，用了管仲的主意，齐桓公自己带头不穿，近臣着紫觐见，他便捂起鼻子，说是讨厌紫色的气味（"恶紫臭"），这样，境内很快就没人穿"齐紫"了。

这个故事被记录下来，他说的"恶紫臭"恰恰是"骨螺"所染"帝王紫"的特点。无论古往历史和近今学者，无不承认其臭十分强烈。在收拾和取得骨螺腺体时的经验证明，这腺体混合着有机胺，有强烈的渗透性，进入人的皮肤可以经月散发臭味，尤其在拿取热的食物（如蒸饼、馒头）吃饭时立刻就会嗅到酶臭味，不慎弄到指甲上一点，光照显色后，也是经月不褪。上述文献及其故事足以证明这种"帝王紫"在两千多年前的齐国曾经存在，而且还可能以种种方式传到当时各国，甚至沿用到西汉。1972年发掘长沙马堆一号汉墓，内中有一件紫绢地印花敷彩直裾绵衣，其地色鲜丽非常，且至今旧里透新。1974年北京大葆台汉墓又有一件紫绢地刺绣，色彩沉厚明艳，这两件出土丝绸，我都曾以为是著名的齐紫产品，它们的染色牢度是它们的卓著特性。马王堆出土染色丝织物除植物染料的靛蓝、炭黑和矿物颜料的朱砂绢云母（的）着色坚牢少褪，其他黄、红系色彩均已有晕、褪现象，而紫绢（印花敷彩）不仅不褪，而且地色与地花毫无渲晕，分明鲜丽。大葆台的紫地绣花，其他各色绣线（共有六色）均已褪作棕色，独独紫地明匀无比。但这两墓紫色不甚相同，马王堆的染色透明而艳，大葆台的沉厚而略具消光性。两者都是高级的染色工艺做成当无疑问。至于是否为骨螺所染，由于无法鉴定，当时仅做猜测而已。并从历史上著名"齐紫"还可知道，其染色在战国时人们说它是"败素"，会不会加工时要经揉砑挤捣，造成表面"水磨"感甚或受伤，又或经日晒过久使丝素强度降低，故有败素之名。又或因这种高级染色的材料来源，又引发各种染紫技术模拟骨螺紫而达到乱真，目前尚不得其详。

后来（1993年），台湾王宇清等三位博士（一位服饰史学者，一位化学家，一位生物学家）联名写了一篇文章发表，但仍不能证实。考古出土物未能分析，再有比利时友人来京，我们讨论了这一问题，还是由于文物关系仍不能测定。这一憾事，引起作者探寻骨螺染色工艺的酝酿。不久，由山东莱州市金城镇王柱先生代为采集到莱州湾的骨螺，带着海水连日送京，作者终于有机会一试染色。但由于这腺体极难在水中溶匀，对绸料仅可做小块深浅花斑状染着。后来搁置了一年多，又从市场上购得这种红里骨螺，遂想以乳化液办法试染丝绸，最方便易得的乳化剂莫过于生鸡蛋黄。

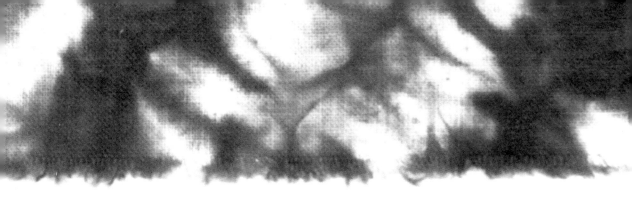

妇好墓中关于纺织品遗物的情况

河南安阳殷墟妇好墓出土的五十余件铜器上，发现了许多纺织品遗迹。这些织物残块，由于锈蚀的缘故，斑斑驳驳黏结在器物的表面，面积一般不过几平方厘米，有的是单层，有的叠压较厚，有的器物上不过附有一二处，有的则布满全体。数量之多前所未见，这对于了解殷代纺织工业的发展和织物在葬仪中的应用，都是非常有价值的资料。

从织物的外观、形态上观察，大约可以分为麻织物和纺织物两类。

一、麻织物

结构较为清楚的约有 10 例（见表 1），皆为平纹组织。其密度，粗疏者每平方厘米有经线 12 根、纬线 10 根。细密者每平方厘米经线 22 根，纬线 14 根，大多见附于鼎、觚等器物上，其应用可能与生活实用有关。

表 1　麻布遗迹

器号	器名	附着织物种类	备注
758	小鼎	$22 \times 14 / cm^2$	口下一侧
815	圆鼎	粗麻布	
757	圆鼎	麻布	
754		麻布	

器号	器名	附着织物种类	备注
798		麻布	
797	子口鼎	麻布（很厚）	器身已烧黑
613		麻布，稀疏 $12 \times 10/cm^2$	
610	瓿	麻布，大片，$11 \times 11/cm^2$，（$12 \times 11/cm^2$）	口下一侧
608	瓿	麻布痕	
699	瓿	麻布痕	瓿无此号
612	瓿	麻布痕	腹一侧

二、纺织物

以平纹绢类为大宗，遗迹保存状况有的较好，有的较差。直观可辨识的即有25例（见表2）。其中较粗疏的每平方厘米有经丝20根、纬丝18根，组织孔隙明朗可见，约在 $0.15mm \times 0.2mm$ 间，可以说是一种纱织物。最细密的是在651爵上见到的，每平方厘米有经丝72根、纬丝26根，经丝投影宽 $0.1mm \sim 0.15mm$、纬丝 $0.25mm \sim 0.3mm$，不加拈。由于经密很大，纬丝粗于经丝一倍多，织物表现出经畦纹外观效果。一般中等密度的占多数，每平方厘米有经丝50根、纬丝30根左右。

表2 绢类（平纹组织）

器号	器名	附着织物种类	备注
793	大圆尊	绢，$40 \times 38/cm^2$，$40 \times 32/cm^2$ 纱，$20 \times 18/cm^2$，孔 $0.15 \times 0.2/cm^2$	
814		三种	口下
761	圆鼎	细绢	织物多
813	方扁足鼎		在碎足上
812	方扁足鼎		两足内面织物杂多
798	铜盂	绢	
820	瓿	绢，中等	
823	方彝	绢	未开盖在一侧（口部一侧）
802	虎瓿	细绢	
804	鼎	绢	蓝色

器号	器名	附着织物种类	备注
765	提梁卣	平纹	不清
	鸮兽大觥	绢，50×30/cm²	右后足
695	尺形器	绢	
615	觚	绢	颈部一侧
617	觚	丝织品残迹	口、颈一侧
661	爵	细丝织品残迹	口下
746	斗勺	绢	柄上
745	方斗	绢，45×28/cm²	
744	方斗	绢，45×18/cm²	
749	方斗	绢，36×17/cm²，经 φ0.5～0.3，不拈，纬 0.3～0.35，不拈	位于斗孔下及柄面中部
684	爵	粗绢	
651	爵	粗、细绢，细，72×6/cm²，经 φ0.1～0.15无拈，纬 φ0.25～0.3，无拈	
829	提梁壶	绢，砑光，38×23/cm²，无拈，很平	
764	中柱盂（汽锅）	绢，中等	
824	小盂	绢，砑光，44×34/cm²，经 φ0.15，纬 φ0.15，无拈	
	座形器	细绢	方形高圈足器
865	瓿	绢，40×18/cm²	织造很工整，无拈

此类平纹绢织物，几乎在各种不同器物上都有发现。而且密度是各不相同的，有的在同一位置叠压数层，也显出密度差别，证明这些织物是分属于各种器物上的各自的附属物。但究竟是包裹器物用的，还是封口（见凤凰山167）或某种专门的饰件则不得而知。

此外，还发现不少用朱砂（HgS）涂染的绢织物的遗迹。明显可辨的（见表3），多黏附在一些大型、贵重、精致的器物（如偶方彝、三联甗、大兕觥等）上。可见，这种朱染绢，为当时一种高级的着色织物，其密度为每平方厘米经丝60根、纬丝20根，以及经丝60根、纬丝20根等数种，也表现出差别性，以807方壶肩部的遗存颜色最为明显。

表 3 朱染绢

器号	器名	附着织物种类	备注
815	圆鼎	细绢，60×20/cm²	深朱
795	铜壶	朱绢	口底两侧，有朱
790	三联瓿	朱绢	中口处
794	大方壶	朱绢	边棱处
801	大兕觥（盖）	朱绢（？）	
820	瓿	朱绢	口下一侧
805	小方壶	朱绢	朱细不清
807	方壶	朱平纹织物	在肩上
611	瓿	朱平纹织物	少
791	偶方彝	盖上朱绢（中等）	

这些朱染织物，表现出不同于有机染色的特殊着色工艺，它采用研磨很细的朱砂颜料调和以天然胶黏剂，借助机械性的揉轧或是石上捵跌，把颜料颗粒挤入纤维束间并黏着于纤维表面，达到着色目的。这种朱染方式虽然耐磨、耐水牢度不高，但鲜明的颜色效果和对光的稳定性（日晒不褪色），在当时是无与伦比的，所以自此之后的一千多年的历史中，一直居于主要地位。比较成熟的实物标本，见于长沙马王堆一号汉墓。其后，又在宝鸡茹家庄西周墓发现了朱染织物的印痕。[1] 而这次的新发现，把这种朱染工艺的应用史推进到公元前 12 世纪左右。

这里顺便一提朱砂颜料的加工问题。从同出的研磨朱砂用的玉臼来推断，其工艺技术已臻于成熟。在玉杵的颈部，玉臼的口沿，各有一周相当宽的磨光痕迹，其光洁度可谓明亮如镜，这告诉我们，关于朱砂颜料的研磨操作方法有长期稳定的工艺规程——用手握杵柄，使杵颈枕于臼口，做圆周摇动研磨，其作用如同现代膏状轧研技术，使朱砂颜料在调和成胶浆状态下，利用压力和切力作用，以及颗粒自身的碰撞（并非死碾），这样多次、反复对朱砂加工，而可获得 0.002mm（2μ）以下的细度。这种工艺，在晚世的建筑工程文献中有反映。在现代国画颜料生产中都还在使用，并已总结成一整套所谓淘澄飞跌的制作

---

① 《长沙马王堆一号汉墓》（上），56 页，《文物》1976 年 4 期，60 页～63 页。

规程②，它比干态或仅仅加水的湿态研磨技术水平高，成品细度大，看来早在殷代这一工艺已得到成功运用。臼窠深 13cm，直径 16cm，容量之大反映了朱砂颜料当时有了广泛的应用。从加工量、细度及其他相关技术上看，在织物的涂料印染史上是一项新的开创。

平纹变化组织的丝织物：在 793 大圆尊上曾发现两例；一处可能是经重平组织，另一为 2/2 方平组织的标本（见表 4）。它是我国先秦以来即见于记载的另外还在 793 号大圆尊上发现的双丝平纹组织物——缣和方平组织物，是目前见到的最早的实物遗迹，这对于了解缣的发生发展无疑是一项重要资料。方平组织实物，则是出土织物中首见的标本。

表 4　重平组织与提花组织

器号	器名	附着织物种类	备注
793	大圆尊	经重平缣	在肩部与腹部
793	大圆尊	方重平	
791	偶方彝	回纹	

小花组织的织物：仅见回纹绮残迹一例（在偶方彝的一侧）。其花纹与殷代造型人物形象上的衣饰和某些铜器上的局部花纹是相同的，是殷代有代表性的产品之一。

纱罗组织的罗织物：见到两例。绞经为四经一组，结构与西汉纹罗的地纹同（见表 5）。在 865 甂的外表，分布面积相当大，密度为每平方厘米经丝 32 根、纬丝 12 根，经丝投影宽 0.12mm～0.15mm、纬丝 0.12mm。织物形成的孔眼较大，经纬丝都是正手（S）加捻，每米有 1500～2000 个捻回（但未见花纹部分），是由织机装设了"绞综"来织造的，已经很难在原始腰机上进行（缫纺工艺也臻于完备），是否当时已采用有机架的织机来加工织造，这是值得探讨的。这也是迄今为止，最早见的大孔罗（四经绞罗）织物标本。

表 5　罗织物

器号	器名	附着织物种类	备注
865	甂	罗，密度 $32 \times 12/cm^2$，经 $\Phi 0.12mm \sim 0.15mm$，纬 $\Phi 0.12\ mm$	通体
828	方彝	罗	口内，盖面

②《营造法式》卷十四；《天工开物》下，卷十六。

其他：还有少量绦带织物的残留痕迹（表6），结构多不够分明，都是特别加工的织制品及编织物、785 鹗尊右翅的带饰残块，为平行的浮长线所构成，可惜已很不清晰。在798 盉上的则可能为纂组结构的组带之类，余者从略。

表6 其他

器号	器名	附着织物种类	备注
785	鹗尊	浮线绦带织物	
798	铜盉	组带	
607	觚	带织物，宽 13mm，长 75mm	

总的看来，织物制品不像是一件或几件大型成品的遗存，而可能是各不相同的一些小件织物制品的片段残留。反映了织物使用上的多样化。就全部织物在织造工艺上的规整、细密均匀程度来估计，当时出现高于原始腰机水平的织机（有机架的织机）是有可能和有条件的，如青铜工具的多样化发展、各种车子的制造技术、玉器和骨管的制造技术和工具等都有很高水平，纺织工业的织机，必然会与之有相应水平，尤其是像织物罗、绮的生产，也必然要求织机的改进。

从各种密度的平纹绢织物、提花的绮、绞经的罗，还有涂料染色的绢等方面来看，丝织物的生产技术有了很大的进步。但在这位奴隶社会的上层显贵人物的墓葬里，五十多例的织物中，却未见到织锦和刺绣的标本，虽不能据此便肯定说殷代还没有锦的生产，但至少说明锦的应用还很少，这个问题只有留待今后的考古发掘来探讨了。

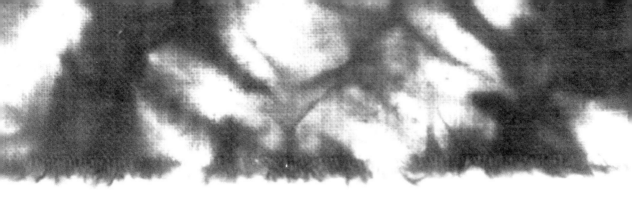

郎家庄东周殉人墓出土纺织品五种

山东临淄郎家庄一号东周殉人墓出土有丝织品、麻织品、丝编、草编等遗物残片。集中出土于墓主人椁室东壁，因和棺椁一道被焚而炭化，得以保存下来。

一、丝织品

1. 绢

为平纹组织，每平方厘米经丝 76 根，纬丝 36 根。此外，在铜镜等器物上和填土中也发现有已腐朽的绢纹。

2. 锦

标本为经二重组织，每平方厘米约经丝 56×2 根，纬丝 32 根。每根经丝又是双头合股的（是同色丝的合股还是花色丝的合股无从判断），拈度是很不均匀的。测其径向投影宽，经丝为 0.2mm ～ 0.25mm，纬丝为 0.13mm ～ 0.2mm。残片完全炭化，外观黯黑，但组织结构却还十分清晰，顺着一根经丝查看，在一个（三上一下的）长浮线位置里，可以找到表经浮过夹纬转入背面，里经又浮过同一夹纬转到正面的情况。在这里，表经、里经都只浮过两根纬丝，并且此种现象在相邻的地方是多见的。这正是"经线起花的平纹重组织"织物、不同颜色的两组经丝互换位置起花的特征，因而可以确定，标本是一件典型的两色织锦残片。它在织造工艺方面已臻于成熟。这是迄今为止我们看到的我国最早的织锦遗物。

图 1：两色锦结构

这种织物，从近几年出土的公元前 4 世纪—公元前 1 世纪的同类遗物观察，是由两组不同染色的经丝和一组纬丝重叠交织而成的（图1）。两组经丝各一根为一对，其一色作为表经，有三浮一沉的浮长线；另一色为里经，只有一个浮点，掩压在表经长浮线之下。起花时由提花装置控制，里经转到正面，表经同时转到背面，如此往复组成花纹。纬丝则只有一组，即一个颜色一样粗细的一种，图中绘作黑白两色，黑色为夹纬，在结构上不起交织作用，只是便于起花。白色为明纬，它们和各经丝交织成平纹组织。织成品的正反两面，花纹相同而颜色相反，一般以深地浅花为正面。通体织作小单位的小几何纹样，是为早期织锦的通式。历经春秋、战国、秦、汉至少流行六七百年之久。后来由于提花装置的改进，以及经丝分区工艺的创造，这种小单位花锦格式才为横贯全幅的大单位图案——山云动物花纹的多彩织锦所突破[①]。

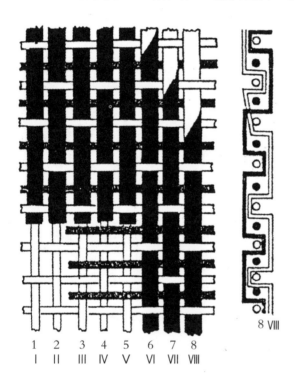

3. 丝编织物

有两种，可能是丝履上不同部位的残片。

其一，设双头的合股丝相当于经线，则每厘米可排 13 条（26 个头）；单根的是纬丝，则每厘米 9 根。实际上它不是一般机织品，而是手工缝制成的编织物。我们估计，首先是根据适当的宽度、长度的要求，把加工成统一拈（Z）

---

①技术部分可参考夏鼐：《新疆新发现的古代丝织品——绮、锦和刺绣》，《考古学报》1963 年 1 期，54 页～57 页；又《我国古代蚕、桑、丝、绸的历史》，《考古》1972 年 2 期，19 页。实物资料参考《满城汉墓发掘纪要》丝织品项下，《考古》1972 年 1 期 15 页；《长沙马王堆一号汉墓》（下），51 页两色小几何花纹锦类部分；熊传薪：《长沙新发现的战国丝织物》，《文物》1975 年 2 期 51 页图三。

向拈度的合股丝线严整地单行排好，然后以针引单丝。在这些股线的同一打绞中间穿过（每拈回是一个往返），直到把股线紧紧地缝订成一块编织物。由于"经"线具有极大的屈曲度，而"纬"丝却完全呈直线状态，故编织物表面显出强烈的畦纹效果。成品厚实坚密，应是丝履鞋帮的部分[②]。所谓的经向是与鞋底相平行的。

此外，同类残片还有较细密的一件，编制方法稍有变化，但基本上属于一个形式。

其二，残片可能是丝履上鞋面的一部分。表面饰有乳钉状花饰。它的编结方式与上一种不同，是用S加拈的丝线在排好的麻绳之间穿绕编成的。结构类似平纹机织物，不起绞。麻绳粗1.6mm～2.0mm，每厘米内可排三根。丝线每厘米要挤下20根，表面只露10根。厚度为2.5mm～3.0mm，编结紧密结实。编好的成品，还要在相邻的两麻绳之间，以针引双根丝线自背面刺出表面，绾成散点布置的乳钉疙瘩。针法全同于后世绣花的"打籽"。其作用主要在于保护鞋面的丝线，使之比较耐磨耐穿，收到实用与装饰兼得的效果。

此外有丝束残缕和双股丝残缕。

二、刺绣残片

在绢地上以丝缕用锁绣（又称辫子股）针法刺绣，以二至三道并成块面花纹。因残片面积过小，纹样仅见一斑。绣工风格比较粗放，针脚疏朗，长短不甚整齐。用丝也略分粗细，目的在增强纹饰的表现力。

绣花的绢地密度为每平方厘米经丝48根，纬丝43根，并经碾砑加工，织物不仅表面平滑，而且看不出明显的孔隙。

三、麻织物

麻布残片为平纹组织，每平方厘米经线19根，纬线13根。

四、草编物

有三股草编绳状残段一节，宽约6mm。

[②] 鞋底也是用此法按一定形式编织的。据对其他出土实物的观察，编好后多半还要涂上涂料，才能合用。参考《长沙马王堆一号汉墓》（下），图一〇八，青丝履底部。

满城汉墓出土纺织品

　　中国科学院考古研究所于 1968 年 8 月 13 日至 9 月 19 日对河北满城陵山一号墓（刘胜墓，113BC）和二号墓（窦绾墓，118-104BC）进行了发掘，其中发现大量丝绸残片。

　　满城汉墓中发现的纺织品均已朽烂，仅找到一些零星的碎片。尽管保存下来的实物很少，却仍能反映出当时纺织工艺的精良水平以及产品的多样性，显示着劳动人民的创造智慧。

　　标本共有十多件，可分为六七个品种，以平纹的绢类占多数，其次为纹罗、锦、绣等高级织物，还有手工编制的组、绦之属。残片的面积一般都很小，纤维也已严重朽败，色彩除了"朱染"者外其余也都消褪，外观一般呈棕灰色。

　　这些织物大都出于两墓的棺内。以二号墓举例，棺内底部铺设了细草（莞蒲）编的席子，再上又铺了几层丝绵衾被，所以留下了厚达 1cm ～ 2cm 的腐灰堆积。此外，在铜枕表面、玉衣包边、玉片缀饰、玉璧编联等方面，以及兵器、铁甲的装潢处，也都保存了某些织物的残块和形迹。兹将所得标本列表如下，并分作五个大类略作叙述。

编号	种类	经纬密度（经 × 纬 /cm²）	出土位置
M1，F-1	细绢	200×90	棺内玉衣左侧
M1，F-2	细绢	160×80	棺内玉衣左侧

编号	种类	经纬密度（经 × 纬 /cm²）	出土位置
M1，F-3	细绢	130×75	棺内玉衣左侧
M1，F-4	细绢	40×30	棺内
M1，F-5	细绢	90×40	棺内
M1，F-6	细绢	75×35	棺内
M1，F-7	细绢	75×25	铁甲内
M1，F-8	绢	72×20	铁甲内，有朱染痕迹
M1，F-9	縑	75×（30×2）	玉衣鞋内
M2，F-10	麻布	30×25	玉衣鞋口沿处，玉衣片内亦有痕迹
M1，F-11	罗	（144～148）×40	漆盒内
M2，F-12	锦	（52×2）×34	棺内
M1，F-13	起圈纹锦	（60×？）×34	铁甲镶边
M2，F-14	绣绢	50×42	鎏金铜枕底部

一、平纹织物

1. 绢

丝绢的残片有粗细数种，以一号墓编号 F-1 的标本最为出色，是在棺内玉衣左侧的灰状结块中找到的，它和另一层绢织物之间还夹有一层约 6mm 厚的"丝绵"（颜色棕黄，纤维已不甚清晰，烂朽成短绒状），可能这是铺垫在玉衣下面的衾褥之类的表里或边缘遗存。

所取得的绢标本面积都很小（不足一平方厘米），外观呈淡灰绿色，略泛胶质光泽，看去平滑如纸，几乎不见织纹，但已经毫无弹性可言，触手碎裂，稍微着力即为粉末。在显微镜下观察，织物的结构，纤维的形态却还保存得相当完好。测其密度约经丝每厘米 90 根，达到了罕见的高度，由于经丝屈曲度较大，绢面显得丝束细匀（粗细为 0.04mm～0.05mm），组织紧密，质地细薄光洁，为以往出土的同类织物中最精致的一例，也许当时有名的"冰纨"就是这样的高级产品①。

2. 縑

这是一种双丝平纹织物，编号为 F-9，是在一号墓玉衣的左裤管下口（与鞋口相接处）玉片的内面发现的。质地细薄，非常平整，并有生丝织物那样的透明感，表面也较清洁，

---

① 《说文》："纨，素也。"《汉书·地理志下》："织作冰纨。"臣瓒注："冰纨，纨细密坚如冰者也。"颜师古注："冰，谓布帛之细，其色鲜洁如冰者也。纨，素也。"《急就篇注》："素，谓绢之精白者也。"按：纨、素即细绢。

图 1：缣的结构及其幅边

呈土黄色，面积亦不足一平方厘米。

标本实际上是一种平纹变化组织，由于面积过小，又无幅边，做准确的鉴别是困难的，但从织物的密度，丝束的纤度和它的屈曲情况来推测，初步断定是双纬平纹组织（类似现代的 2/2 经重平组织）。每平方厘米有经丝 75 根、纬丝 30 双（或记作 30×2 根）。其组织循环为两根经丝四根纬丝，组织点完全保持平纹组织的特征。由于经丝浮长，织物表面便产生了纬向的垄状凸纹（图 1 左），随着经密的加大，或纬丝的加粗会变得更为显著，甚至织物表面就会主要由经丝浮长来表现，汉代某些织锦的幅边组织就是这样的[②]。

这种织物的上机条件与普通平纹组织完全相同，特点在于投纬，它是把两根平行相并的纬丝织入一个开口的，这在技术上并不复杂，大概可有以下三种投纬方式：

a. 在一个开口两次投纬，或双梭投纬；

b. 投纬工具中装两个纬管，一次投出双纬；

c. 在一个纬管上并绕（不是合股）双丝，一次投纬。

无疑以 a 方式效果最好，但较费事，适于特定的要求。b、c 方式不仅简便，还有生产速度高的优点，不过 c 方式若像现代机织纬管那样在梭芯上不动，投纬时轴向退绕卷放，纬丝就会自然加捻，形成"麻花条"，很不理想。那么古代投纬工具中纬管是怎样装设的？参照民间木机现用的梭子及宋伯胤复原的汉杼[③]可知当时织缣用的纬管也是套在梭芯滑轴上的，放线时纬管转动，如果绕在上面的是双丝，投纬导出便不会受到加捻（等于一张纸条怎样卷上又怎样放开），能够基本上保持两根纬丝在织口中平行相并。这种投双纬丝的技术，

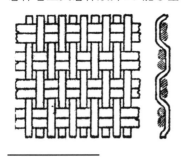  

左幅边　右幅边

我们在新疆出土的唐代丝织物中还看到了它的实例，并且有了进一步的发展。如编号 68TAM180：6 印花纱[④]便是其中之一，结构很清楚，它的循环单

[②] 据马王堆一号汉墓 354-3 文锦，边维。

[③]《文物》1962 年 3 期 30 页，图 7，文字见 28 页。

[④]《丝绸之路》图版五九，原名"白色腊缬纱"，实际是镂版印花的。根据实物组织来看应作"印花交梭纱"为近似，《新唐书·地理志》即有双丝绫、交梭绫等名目。

位包括两根经丝和六根纬丝，织造时采用两把梭子：一把引双丝，一把引单丝，各投一个往返，交互并进，因而两幅边外沿的结构也就互有差异（图1右）。这样，纬丝便形成2211、2211的循环排列，使织物的外观显出规则的变化，增加了风采。直到后世的双丝绫、双丝布的投纬技术，可以说是和它一脉相承的。

较早的例子，还有1951年在长沙战国墓中出土的几件标本⑤（面积较大，可惜也未能保留下边组织）。它们呈灰黑色，双丝平纹，组织比较稀疏，密度约每平方厘米经丝40根、纬丝18双，这类织物应即是汉典型的"缣"。许慎《说文解字》描述说"缣，并丝缯也"，颜师古解释为"并丝而织"，都简要地指出了它是"双丝平纹组织"⑥。然而究竟是双经还是双纬则不明确，但根据传统来看，双纬平纹是主要的基本的形式。最近有机会观察了马王堆一号汉墓出土的一件标本，它是由同出的遣册注明为"缣"的织物⑦，幅宽约48cm，平纹组织，经纬明确，密度为每平方厘米经丝72根、纬丝26双，呈污白色。经丝的粗细稍有不匀，一般在0.1mm～0.15mm以内，纬丝投影宽于经丝，多在0.2mm左右，差距不算悬殊。

所以看去外观和中等粗疏的绢不相上下。若在低倍显微镜下观察，便可看到纬丝在组织中比较扁平，有明显的双纬平行现象，甚至有的还略有分离或打绞，不过在另外的区段又不很清楚。或许是由于织成后受到煮练脱胶等后处理加工的影响，模糊了双丝间的关系，尤其是纬丝不拈或拈度不足的时候丝束松散更会如此。因而某些"缣"的外观就和经密高

---

⑤ 1951年长沙345墓出土，计三种平纹织物，其中一件即此标本，现藏中国历史博物馆，编号为考3554号。

⑥《说文》十三上，《急就篇》颜师古注："缣之言兼也，并丝而织，甚致密也。"《释名》："缣，兼也，其丝细致，数兼于绢。"又《古乐府·上山采蘼芜》："新人工织缣，故人工织素。织缣日一匹，织素五丈余。将缣来比素，新人不如故。"这里缣、素之比从文意上不难看出，重在数量方面，新人工织缣，日织量是一匹，按汉制为四丈，故人工织素(细绢)日织量是五丈多，在缣、素外观质量大体相当的条件下，织缣用双纬，速度在单位时间内理应快于织素，结果反慢于织素者，虽都谓工织，却在数量上显出高低来。所以才有"新人不如故"的牢骚话。

⑦《长沙马王堆一号汉墓》（上）153页，简二九四："土珠玑一缣囊"；327竹笥内盛泥丸一绢袋，笥上有"珠玑笥"木牌。其他一一三、一一七、一一八、一三三、一六一等简皆书有"缣囊"。

图2：四经绞罗的结构及其起绞示意

于纬密、纬丝粗于经丝、具有横向凸纹的某些"绢"几乎没有什么区别，往往易于混淆。只有那些未经脱胶的生坯，特征才比较分明。

3. 麻布

仅有二号墓一例标本，编号为F-10，是在玉衣鞋口处发现的。每厘米有经线30根，纬线25根，另外有二号墓玉衣（女）的胸背玉片的内面，也留有贴粘过粗麻布的痕迹，约每厘米经线12根，纬线10根。

二、纱罗织物

实物一例，出于一号墓5113奁内，编号为F-11，上面除了最精工的朱丝锁绣残留之外，还凝结着铜锈的翠色，看来正是因此而使纤维固定，织物才得以保存下来。

标本为典型的汉代纹罗，即提花罗纱织物，面积亦不足一平方厘米，由于绣花和附着物的影响，起花部分比较模糊，但地纹的结构却非常清晰，孔眼也很均匀，每平方厘米经丝为144根～148根，纬丝40根，密度略高于1972年武威磨嘴子62号汉墓出土的纹罗，织法也与之稍异，而与1959年在民丰出土的纹罗和1972年马王堆出土的纹罗完全相同⑧，其基本的织造方法夏鼐先生做过研究，这里略作补订。大致如下：织地纹时（图2左、中）先用综B将偶数经组〔图2中（3）～（4）、（7）～（8）等〕的纠经〔如（4）、（8）等〕

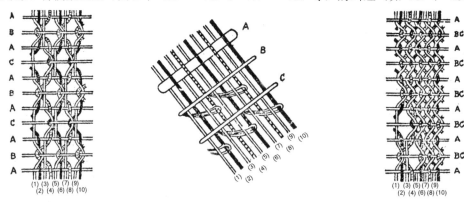

⑧磨嘴子汉墓纹罗密度为 $144 \times 30/cm^2$，地纹纠织点是经丝二上二下，与此标本不同，见《文物》1972年12期19页表中13、28两号及20页图一七。民丰汉墓纹罗见《文物》1962年7～8期，69页图7～8，织造方法参照《考古》1972年2期17页～18页文字及图四（图四的乙纠综穿法有误，今改之）。

拉至奇数经组〔如（1）～（2）、（5）～（6）、（9）～（10）等〕的左侧后向上提，过梭后再提后综（即平织综）A；再次过梭后再用C综将奇数组的纠经〔如（2）、（6）、（10）等〕拉至偶数经丝的左侧后再向上提，过梭后又提后综（即平织综）A，每织入四根纬丝为一个组织循环，这种织法形成的孔眼较大。花纹部分（图2中、右）的纠经方法是提后综A投纬，每织入两根纬丝构成一个组织循环，所形成的孔眼便细小得多，表面也较平坦，与疏朗大孔的地纹对比便显出明确的花纹来。

织物地纹组织的外观，两面是略不相同的。绣花的面是正面（四经一纬的交织点三上一下），画的结构图则是它的反面（交织点一上三下），采用这种结构形式可以反面向上上机织造。好处是在织地纹时，一次可以只提升四分之一的经丝，减少很多动作，比正织要省便得多。然而这种高级纹罗的织造，毕竟是相当复杂的，织机要有提花束综和纠综相配合，由于纠经要跨越三根经丝，受到的拉伸和摩擦特别大，可能还要有松经装置来调整张力。同时织室也须保持很高的湿度，相对湿度要在90%左右，采用所谓的"湿织法"，以使孔眼清晰并减少断头发毛等弊病。这对于当时的织罗工人来说，工作条件就倍加恶劣了。

纹罗组织的源流是相当古老的，它与编结工艺有着密切的关系。据说到了战国晚期虽在《楚辞》中已有"罗帱"、"罗帷"出现，但汉代文献中的"罗"字一般是当作鸟罟解的（见《说文》），后来的晋《东宫旧事》才谓汉代有纹罗。印证于马王堆汉墓的竹简文字，则统称罗纱织物为"沙绮"、"沙縠"，皆不用"罗"字，可能"沙绮"、"沙縠"才是当时罗纱织物的名称[9]、[10]。

三、织锦

1. 经锦

织锦标本（F-12）也发现于棺内堆积中，呈栗壳色，局部附着朱色粉末，纹、地已经不分，仅组织尚为清晰，经丝三浮一沉，有极少数是一个浮三的位置中出现两个短浮经，它们各浮过两根纬丝，在交错相接处是共浮于一纬。这是两组经丝在换色起花时的形式，在显微镜下观察，可以看到长浮线下还压着里经的一个浮点，看来它很可能是由两组不同颜色的经丝和一组纬丝交织而成的，正、反两面的花纹相同，而颜色相反，是最基本的一种经二

---

⑨《长沙马王堆一号汉墓》（上），150页，简二六六，"纱绮緗一两……"为纹罗手套一双，三号墓有"沙縠"文字两见，皆不称罗，又夏鼐前文并注46、48。

⑩"沙绮"为纹罗，"沙縠"为绉纱（方目纱）加拈。1976年10月加注。

图 3：双色锦的结构

重组织彩锦（图 3），还是西汉时几何形小花纹锦的通常组织结构，标本每平方厘米有经丝 52×2 根、纬丝 34 根。经丝的粗细为 0.15mm～0.20mm，排列得相当紧密。

类似的锦织物残片尚有数种（如两件玉衣的包边、缘饰等），但多为铁锈固结、破坏或覆盖，已难以做分析比较了。

2. 起圈菱纹锦

编号为 F-13，是修复一号墓的铁甲时在镶边部分发现的，保留下来的标本多是一些吃透了铁锈的残块。花纹不整，质地酥脆，已无法进行组织上的鉴定。图案作菱形，个体纹样约一厘米大小，花纹起圈，显著高出地子表面。地色像枣铁锈色，花纹处稍浅，密度就表面经丝来说大约每厘米有 60 根，纬丝则无法辨认，估计是以三或四重经丝织造的[11]，并且还要有一套提花和起圈装置（包括两个经轴，以及织入起圈经丝以后再抽去的假纬丝等）相互配合起来才能织造。

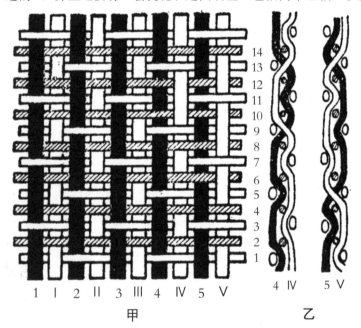

这类织物 1925 年在蒙古的诺因乌拉 14 号汉墓中已有发现[12]，1972 年长沙马王堆一号汉墓和武威磨嘴子 62 号汉墓都有较完整的实物出土，引起了考古和纺织工作者的重视，并有了初步的研究成果。若从花纹的构造和艺术效果方面分析，这种起圈花纹

[11]《文物》1972 年 12 期 20 页 22 号菱纹起圈锦，《文物》1972 年 9 期 63 页 65-1，内 6-3，357-5 起圈锦及图版式，2。

[12]梅原末治：《蒙古诺因乌拉发现的遗物》图版，原定名为"浮纹绫"非是，《古代中国的丝织品和刺绣》（俄文版）图版 XIII14029。

104

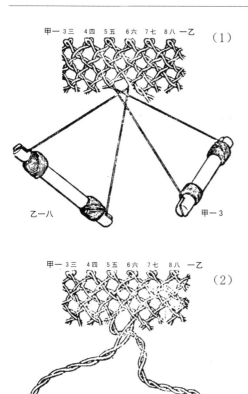

的产生，可能是受了传统的"锁绣"工艺的影响，因而试图用机织的方法追求，以造成锁绣工艺特有的那种连续圈扣的立体感，结果出现了这种由经丝起圈组成花纹的新技术。而且可以在分色提花的织物平面上同时又织出起圈纹样本，使"锦上添花"一次完成。这是当时劳动人民通过反复的实践创造出来的新成果。就现有资料比较，这一类织物多是同格式的小几何花纹，以菱形为主加以变化，或疏或密呈网状排列，花回较短（通常 2cm～4cm，大型的不过 6cm），花幅亦不甚宽（大者为 13cm 多）[13]。这方面是沿袭了战国以来的习惯，另一方面可能也存在着织作大单位大花形的困难。然而随之兴起的起圈技术，在纺织技术史上却是一个重要的突破，不仅丰富和提高了织锦工艺，更为"起绒织物"开辟了道路，这是我国劳动人民的一项发明创造。

四、经编织物

这是在玉鞋上见到的用丝缕编制的窄幅织物，在两墓玉衣、玉璧上都发现过一些痕迹，作网状组织，由于拉伸的关系有的网眼变成菱形。它的编制方法却不同于"草帽辫"的形式，而是用两组都是双头的经丝交叉编织的，其方法见（图 4）所示。例如，把合股打绞的经丝八夹在分开的经丝 4 之间，然后经丝八再分开，另一经丝 3 从中穿过即又合股打绞将其夹在中间，依此类推进行编织。这里的示意图仅是一种设想，实际上一定还要有相应的简单工具的，这种织物和长沙战国墓的网状织物、马王堆汉墓的 435-5 "巾带"可能是同一类型，应称为"组"。它的组织结构有着很大的变形性能，用于束缚裹缠和打结，适用于各式形体，

---

[13]据马王堆一号汉墓 65-1，N6-1、N6-2 起圈锦实测。

图 5：铜枕绣花套残片的花纹

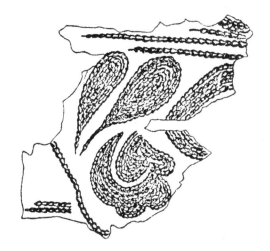

恢复常态时又不会并丝起绺，大约多作为系带应用，可能是"组"的代表性作品[14]。

另外，在二号墓玉衣表面贴的交叉饰带，一种宽约 0.6cm，一种宽 2cm～3cm，仅存痕迹，组织结构已不可辨认，又一号墓的刀剑的手柄处也有缘类残留，均属经编织物一类。

五、刺绣

两墓出土的刺绣标本，在技法上都是汉代最常见的锁绣（也叫辫绣）法作品，绣工以一号墓的（F-11）绣罗残片最为精致，朱色的绣丝只有 0.2mm 粗细，10mm 的长度内能绣出十四五个锁扣，1mm 的宽度可并列两行纹线，针脚的齐整严密、运用线条的准确刚劲，都达到了很高的水平，二号墓铁削包帕上的锁绣遗迹，绣工则较纤丽，花纹比较完整的只有二号墓（F-14）铜枕上残留的一块刺绣织物，具体介绍如下。

二号墓鎏金铜枕的六面（兽头除外）皆附有绣花的绢织物。但大部都已脱落，残留的也朽腐如灰，且为一层泥状物所覆盖，花纹用丝较粗，绣工却很工整，线纹之间留了窄而匀的间隔，是大花形的布局（近似马王堆一号墓 N-1 的风格）。全部呈灰棕色，绢地下面还有灰绿色的绒状物，应是所衬的丝绵。看来这是缝制在上面的绣花枕套（图 5）。

最大的一片标本（F-14）是在铜枕的底部被金属锈固结而保存下来的，它叠压于枕套的下面，可能是绣单或枕巾的残片，大小约 18cm×8cm，呈栗壳色，也是绢地。锁绣花纹比较纤丽、清秀，作风与枕套略不相同，色彩也已无存，仅在局部（如意头及花蕾处）保留有朱砂色绣线的痕迹，联系怀安、马王堆等处出土的大量朱丝绣花例子，当时在封建贵族

⑭《说文》："组，绶属也，其小者以为冠缨。"《汉书·景帝纪》："锦绣纂组。"《仪礼·士丧礼》："幎目用缁。……著组系。"注："组系，可为结也。"又"綦系于踵"，注："綦，屦系也，所以拘止屦也。"马王堆一号汉墓出青丝履，即以黑色组带为系，铜镜，印组及满城一、二号墓系璧都用此种织物。

图 6：F-14 绣花绢纹样复原图

图 7：单位纹样的规范形式

　　(1)F-14 单位纹样

　　(2) 蒙古诺因乌拉墓葬所出中国汉代刺绣单位纹样

　　(3)~(4) 中国新疆出土汉代织锦单位纹样

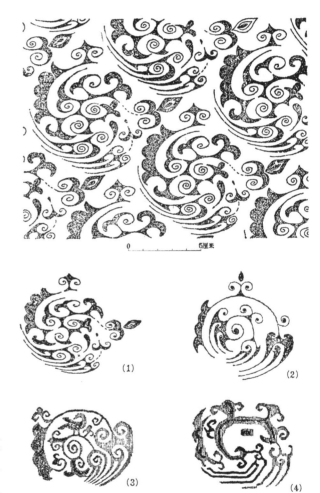

的衣着中，这种以朱砂做高级"染"料的奢靡习尚是普遍的，也是由来已久的，所谓"素衣朱绣"正是它的写照[15]。

　　这件绣花织物褶皱较甚，部分花纹被掩蔽，但经仔细印证得到基本复原（图6）。其单位纹样作鳞片形，长约10.5cm，宽约9cm，按菱形格组织排列，构成面饰，具有富丽绚烂的装饰效果。

　　单位纹样为某种植物图案，具有旋转运动感。在其他地区出土的汉代织物中，也可找到一些与之相同的例子，它们自成一个系统（图7）。如果将单位纹样进一步分解，可以得到一些基本的图形〔图7-(1)〕：a. 一个如意头及连着的类似豆荚的形象；b. 卷曲配置的条蔓和叶子；c. 蓓蕾；d. 偏旋作叉形的花

［15］《诗经·秦风》："黻衣绣裳"；《诗经·豳风》："衮衣绣裳"；《诗经·唐风》："素衣朱绣"。《左传·襄公》："献子以朱丝系玉二珏"，《淮南子·说山训》："若用朱丝约刍狗"，《古诗》："直如朱丝绳"。

图 8：战国至汉代刺绣中典型花纹的发展

(1) 苏联巴泽雷克第五号墓所出中国战国刺绣花纹

(2)~(4)，(6)，(7)，(9)~(11)，(13) 中国湖南长沙马王堆一号汉墓所出汉代刺绣花纹

(5)，(12) 蒙古诺音乌拉墓葬所出中国汉代刺绣花纹

(8)F-14 刺绣花纹

(14) 此种花纹在汉代织锦中的例子：

    ①蒙古诺因乌拉出土织锦

    ②中国新疆出土"无极"锦

    ③中国新疆出土"万世如意"锦

(15) 单位纹样的原型：

    ①中国湖南长沙马王堆一号汉墓印花敷彩纱

    ②蒙古诺因乌拉出土刺绣

    ③中国甘肃武威磨嘴子 22 号汉墓针黹筐刺绣

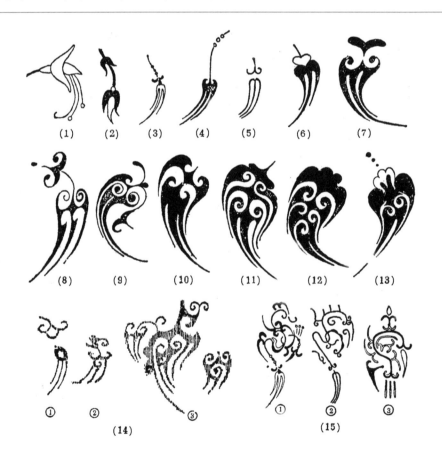

须或花穗。其中尤以 d 种最有特征，是这一时期这类花纹最典型的东西。从中国湖南长沙马王堆出土的印花敷彩纹样及蒙古诺因乌拉、中国甘肃武威磨嘴子出土的同系花纹来看，它可能是某种藤本植物的花穗或花须的图案花形象。其原始形态显然还不十分清楚，若就现有的资料加以比较，也可看出它的某些雏形及其变化发展的趋向（图 8）。从各地出土的实物来看，采用上述基本图形变化组合构成的种种纹样，在汉代的刺绣、织锦、印花诸工艺中是占统治地位的，特别在刺绣方面更为突出，产生了若干可以说是规范化了的纹样稿本，有各自的内容、风格和名称，例如"长寿"、"乘云"、"信期"等，这类纹样流行的地域极为广阔，有些标本出土于相隔遥远的不同地区，具有不同的作风，但纹样的基本面目竟是一模一样的，表现出极大的共同性⑯。这也从一个侧面显示了秦汉时期中国空前大统一之后，在文化上的积极影响，同时也反映了劳动人民在历史上创造发展我国文化的功绩。

---

⑯图 8 的偏旋叉状图形，夏鼐《考古学报》1963 年 1 期曾定名为"茱萸纹"，安德鲁斯称它为"叉刺纹"，西尔凡称它为"叉形纹"并以为由"羽翼纹"变化而来。据马王堆出土的新材料看，显然是藤本植物的花穗或花须，不是叶子，更不是羽翼的演变。

关于某些叉刺纹样，在当时可能有若干标准化的稿本流行，以《蒙古诺因乌拉发现的遗物》资料为例：其中图版三○的花纹经复原后，全同于《长沙马王堆一号汉墓》（上）60 页图四九的长寿绣纹样（原编号为 N-1A），图版二四、二八、三一、三二，经复原后，则全同于马王堆一号墓 N-4"长寿绣"纹样，图版三三（其一）、三四（其二）、五八（上部）各锁绣花纹则与马王堆一号墓 N-5 印花敷彩纱的单位纹样相同，也与 1959 年磨嘴子 22 号墓"织锦刺绣针菁篋"（见《丝绸之路》图版一）的花纹相类似。

广州南越王墓出土西汉丝织品

1983 年，广东省考古研究所发掘了位于广州象岗山的南越王墓。据考证，墓主可能为第二代南越王赵佗之墓，葬于西汉元狩元年（公元前 122 年）。

南越王墓的考古发掘获得了极大的收获，其中，西耳室瘗藏丝织品最多，其品种亦最为丰富。从出土现状来看，除了大量使用丝织物包裹各类器皿之外，还以整匹的织物作为随葬品。丝织物多出于室的西侧，盛于竹笥中，并有封泥同出。可惜因保存环境不好，织物已全部炭化，质地松脆。但从出土实物中仍可观察到织物组织结构，有助于了解汉代岭南地区纺织工艺的水平。

就出土实物统计，西耳室共出有绢（包括"冰纨"）、罗、纱、组带、锦、绮六大类织物。每一类中又分别有不同的品种，如绢类中，有绣绢、云母研光绢、朱绢；罗类中有绛色纹罗、朱罗，等等。这里仅就织物品种及织物出土情况做一简要记述，有关织物之组织结构及织边工艺等，此处省略。

一、帛画

两三小块（C012）。出土时已残损不堪，画面大的如拇指盖，小的仅如指尖大小，就所见实物分析，是在绢地上用红、黑、白三色绘画，可见有花瓣纹、直线纹等。画面已无法辨认。

二、绢

可分普通绢、超细绢、砑光绢、绣绢、黑油绢、朱绢六种。

1. 普通绢

出土量最大。C148，整匹入瘗，虽残，其大体轮廓可见。绢棕黄色，表面有竹笥痕迹。残长30cm、宽25cm、厚9.5cm，每层厚约0.077mm，估计折叠千层以上。

此外，大量器物均以绢包裹。据现存标本，留包裹痕迹的器物统计：裹丝绢的铁器有30件，占出土铁器（大件号）30%。C145工具箱内出的60余件铁器，因有木箱盛放，故多不用丝绢。裹丝绢的车马器有12类，164件，约占车马器的12.8%。金银器，未见裹丝绢痕迹。裹丝绢的陶器类，1种1件，占陶器的2.8%。以上器物留有清晰的丝织品包裹痕迹。考虑到另有器物因痕迹不清楚或器物外表光滑不易留下痕迹，故实际器物用绢数目当不止此数。

2. 超细绢

出土量较少。此种绢质地细密，外观平滑，肉眼不辨经纬。C06-Ⅱ，C159Ⅵ层，C134-Ⅱ、Ⅲ层均出此种细绢，均已碎断成小块。色泽为浅棕黄色或棕褐色。此或即所谓"冰纨"，均成片成块出土，折叠层数700余层。

3. 砑光绢

外表深黄色，或棕灰色。C06-Ⅱ层、C134-Ⅰ层有，均已碎裂成小块状。

4. 绣绢

在成匹的织物及若干器物外表有发现，多为平纹绢上以"辫子针"法绣出卷云纹等图案。有似"信期绣"者。C158-Ⅰ层，浅棕黄色绢地，绣深棕色花纹。碎块最大长11cm、宽5.1cm、厚2.1cm，单层厚约0.12mm。估计堆叠近200层。C158-Ⅱ层为深棕黄色绢地，绣深棕色花纹，C161、C08为深棕黄色绢地，以朱线统一加绣。C161、C158旁边出一"结"字封泥，C173熏炉上附有绣绢残片。最大碎块长11.2cm、宽6.5cm、厚2.4cm，单层厚约0.16mm。

5. 黑油绢

C159-Ⅲ，外表漆黑有光泽，质地细密，均已碎裂成小块，最大碎块长16cm、宽11cm、厚0.25cm。

6. 朱绢

出土量较多。所谓朱绢，是以朱砂为染料，经特殊工艺处理，使绢成为红色。C159-Ⅰ、Ⅲ层，有成块碎片。另C147的6件玉剑饰上亦有清晰的朱绢痕迹。成块朱绢出土时色泽鲜红，坚硬板块状，但轻压即酥碎。C159-I 层，最大碎块长 15cm、宽 7.1cm、厚 2cm，单层厚约 0.231mm，重量为 2.4g/cm^2。

三、罗

可分菱纹罗、朱染菱纹罗两种。

1．菱纹罗

均出于铜镜背面。C171、C234 铜镜背面有大片菱纹罗，绛色，部分被青铜染成绿色，可能是镜袱。

2．朱染菱纹罗

C160-I 层、C01 出土时已碎，原应为整匹入瘗，色泽鲜红，罗组织结构清晰，质地厚重，最大碎块长 11.5cm、宽 8.1cm、厚 3cm。

四、纱

包括假纱类织物、朱纱、缬纱、绣纱和印花纱五种。

1．假纱类组织

C04，棕黄色，丝线均经强捻，出土时已松脆，最大残块长 12cm、宽 5.3cm、厚 1.5cm，单层厚约 0.154mm。

2．朱纱

仅见于玉剑饰表面。C147-2、4、10、19、41 等 5 件剑饰有朱纱，色泽鲜红，经纬尚依稀可辨。

3．缬纱

C04，色漆黑，为假纱组织，但黑色纱线较粗，似经漆涂，网眼较大，外观硬挺，只余两小块，最大长约 3cm。

4．绣纱

C01，底纱色漆黑，假纱组织，孔眼较疏，外观硬挺，似亦为漆纱，有长针挑绣，因已朽成数块，图案不能分辨。

5．印花纱

C160-II 层，应为整匹，出土已碎。地罗为黑色，表面印花，有朱色小圆点，白色线条纹，似为云气图案，最大碎块长 8cm、宽 2.2cm、厚 2.1cm。

五、锦

C134-Ⅲ层（上），黑棕色，最大残块长6.3cm、宽7cm、厚5.2cm。

C134-Ⅲ层（下），朱、棕二色交织锦。C06-I，朱、黑二色锦，最大残块长5cm、宽4.1cm、厚3.2cm。

六、组、绶带

均见于铜镜背面。

1．组

C171铜镜背面附有一缕，纤维较粗，发亮，疑为麻纤维。

2．绶带

C170镜纽出双绶，为多股织成辫子样的线带绞扭合成，已残。

七、丝绵

出土时为一整块（C100），黄褐色，长39.4cm、宽15cm、厚3cm，同出"结"字封泥1枚。

另有C163未明织物1种，灰白色，块状，结构不清晰，最大残块长14cm、宽15cm、厚5.7cm。

法门寺织物揭层后的保存状况和已揭层部分的初步研究

1987 年,陕西省考古研究所主持发掘了扶风法门寺塔地宫,地宫中出土了大量的丝织品。据地宫的物账碑记载,地宫最后一次封闭是在唐僖宗乾符元年（874 年）,宫中所有器物均为晚唐皇室向法门寺的供奉。

就保存总体水平而言,法门寺织物埋藏条件较长沙马王堆汉墓、江陵马山楚墓为差,主要是封闭性不严密,漏气透水,时干时湿,加之地宫顶石塌落,地面翘曲,织物除朽腐过甚之外还受到机械性损伤（如织金织物压在灵帐顶部,绣金织物被落石砸伤、撬动等）。因此,这批出土织物在湿态和干态中所表现的强度均不及上二处出土织物,而略好于辽宁叶茂台辽墓。部分技术指标,列表比较如下:

出土地点	马山织物	马王堆织物	法门寺织物
年代	战国中晚	西汉	晚唐
含水量（%）	300 ～ 200	500	200 左右
饱水强度	触手如泥（软硬）	触手如泥（软）	触手如泥（硬）
干强度（展平后）	（自干后）极柔软可弯曲（φ1mm）	可折叠变曲（φ2mm）	
干弯曲	（理平后）硬而可弯曲		
干耐折	自干 20 ～ 50 次,反复理平	1 ～ 2 次	自干 0,理平 0

出土地点	马山织物	马王堆织物	法门寺织物
干后状态	平柔爽洁	平柔爽洁	纤维自行裂断脱屑（1mm 左右长度）
回潮可展性	回潮未试，可展平	回潮好，柔韧性好	可展平，易断，可回潮

法门寺纺织品遗物发现时多散置地宫砌石地面，装藏形式约可分为两大类。一类是皇家贵胄供奉品，一般都有专门箱篋盛储，如织金锦衣物、蹙金绣衣物、白藤箱匹料等；再一类多是其他遗物如金银器皿，宝函（金、铁）的附属品如锦绣包袱之类。

由于地宫封闭条件千余年来时有变化，多数织物及其箱篋已炭化朽败，仅存残迹，而丝绸织物堆积、龟裂、粉化严重得腐如灰烬结块状。经清理，发现保存于密闭容器中或厚积叠压深处的丝绸，有的色彩花纹保存较好。发掘取得较大件织物堆积计有：中室织金锦残件（FD4：029）、中室灵帐内盖顶铁函上织物堆积（FD4：017）、中室织物（FD：027）、白藤箱中织物残件（FD3：009）、紫红罗地大花纹蹙金绣残件（FD4：025）以及发现于捧真身菩萨银扣漆函底部的五件模型衣物，也是保存最为完好的五件衣物（编号 FD4：022）。

纺织物品类众多，目前所见以平纹绢、纱、绫为最多，其次为罗、锦及非常精美的织金锦等。据初步统计，到目前（1987 年 9 月 16 日）为止，共有：绢 23 种、纱 6 种、重平织物 4 种、绫 13 种、罗 23 种、锦 1 种、绣 2 种。现将各类织物以标本举例介绍如下。

一、织物类

1. 栗色纱（FD4：026- ①）

密度为 56×22（根）/cm²，厚 0.056mm，经丝投影宽 0.05mm，纬丝 0.02mm，均无拈，织造均匀，孔隙清晰，应为汉唐著名"方空"、"轻容"之属。

2. 畦纹绢（FD4：017 外②）

实为一种经重平组织，每一开口投三丝平行纬，每平方厘米经丝 28 根，纬丝（一梭）11 根 ×3 根，厚度约 0.2mm。箱痕可见。

3. 褐色交梭畦纹绢（FD4：017- ③）

每平方厘米经丝 44 根、纬丝 15 梭（计 62 根纬丝），织物厚度 0.07mm。织造时投纬用两把梭子，其一引平行纬丝 5 根（每根投影宽 0.1mm）投一个往返，另一引平行纬丝 2根交互投纬。纬丝做 22、55，22、55 规则排列，织物表面现出规则的纬向田墩状起伏情趣。

4. 土红色研光绫（残片 FD4：026 中②）

每平方厘米经丝 74 根、纬丝 28 根，厚 0.05mm，平纹地斜纹花，织成品经碾研加工，经纬丝扁平而薄，几乎将经纬孔隙全部挤死，表面平滑如纸，当是高级织物缭绫无疑。

5. 皂色提花罗（FD4：025-①）

每平方厘米经丝 64 根，纬丝 20 根，四经绞地两经绞花，厚 0.08mm，是汉以来传统织造方法，可能花纹较大。

6. 织金锦残件（编号 FD4：024）

原置于中室汉白玉双檐灵帐顶部，为落石所压，经清理残长约 70cm，原置于一箱箧中，年久已糟朽不堪。金锦用捻金线做菱格花纹。捻金线后又称圆金线，直径仅 0.1mm 左右，是目前考古发现最重要的晚唐时代织金锦实物，可能是一件衣物。

二、刺绣类

刺绣品类最多，针法精细，浑厚纤巧凝重各有所长。

1. 捧真身菩萨绣袱残片（FD4：028-①）

面料为铁红色小花罗，每平方厘米经丝 72 根、纬丝 14 根，低倍显微镜下不见丝光，可能为矿物颜料着色。素绢里，残存绣纹有花草三簇及蝴蝶鹦鹉等。针法形式为平绣，有戗针、齐针、擞针、接针、钉线圈金、销金刻鳞等，用劈绒绣线，技法娴熟，针脚细紧，尤其在用捻金线圈边时，如画家用笔勾勒，圆韧挺拔，轮廓线流畅，色泽晕润由浅到深，如有生命。是出自高手的刺绣作品。

2. 棕红色大花罗地绣袱（FD5：042-③）

此件乃盝顶壸门座银函三件刺绣夹袱之一，出土时已残破过甚，展开后约为 50cm×50cm，素绢里。残存图案经复原，为四个角花和中部团花，系以花卉拟如翔凤之形，中间两凤组成团花，以平绣法齐针、捕针、正戗、反戗，用捻银线圈边，间隔处绣一蝴蝶（或蛾子）则用接针，亦捻银线圈边。构思巧，具象征手法，装饰味浓，色彩可辨识者有淡绿、草绿、绿、深赭、赭黄等色。

3. 莲花纹绣袱（FD5：042-①）

此件为盝顶壸门座银函的外层，袱面为四纹素罗，莲花花芯较大，花瓣以劈绒七皮（批）晕彩平绣，针脚层层插针衔接，针脚铺列匀齐，晕色自然，而有熠熠放射光芒感，可辨色彩有深绿、淡绿、深褐、浅褐、金黄、褪红诸色，细捻金圈边。此袱，似纯为佛教用物。

4. 紫红罗地大花纹蹙金绣残件（FD4：025）

此为大花纹刺绣衣物残片，其下有一 50×32 漆合残体碎片。可能为盛储绣件之用，罗地炭化较甚，致使花纹多有散乱，捻金线盘蹙平钉形成绣面，故后世又称之为蹙金绣。所谓蹙金绣系用金线直径约0.3mm，金箔切条（扁金）宽约0.5mm，左右S拈绕于芯线上，并留用极细间隙（俗称蚂蚁脚）。条干均匀，大块面花纹上有的又用墨线加画的细部纹饰。此外，花纹图样还有建筑物、人物、鸟、兽等，散置大莲花周围，气象辉煌，极为豪华，使人想到杜诗《丽人行》中的"蹙金孔雀银麒麟"，实为权贵豪奢当时现实写照。

5. 绛红罗蹙金绣献佛衣物模型

计五件（FD4：022-①～⑤）。其中包括：①半臂一件，袖展14.1cm，身长6.5cm；②裙（裳）一件，腰带16.5cm，身长7.2cm，下缘11.5cm；③裙袈裟一件，长11.8cm，宽8.4cm，七节二十一水田格，格中捻金线绣莲花；④案裙一件，长10.2cm，宽6.5cm；⑤坐垫一件，长7.5cm，宽7.1cm。这五件之中，①衣为典型唐式仕女半袖上衣，衣长仅过胸，对开襟，捻金线遍绣折枝生色花，花芯有珠一颗；②捻金线遍绣云纹及缘饰，并用金线界出裙幅；③通过绣云状，三面界出缘饰；④中心平金法满绣莲花，花芯原有珠饰，四缘饰云头，卍字角花，此为保存最完好之实物。

据同出石刻物账记载，武则天、懿宗、僖宗、惠安皇太后等赐献供养于法门寺各类丝绸衣物达七百余件，幸存下来的十不一二，但其品种绫罗纱绢锦绣无所不有，尤以织金锦为唐代考古发掘首次发现，不独工艺技术精，用金量亦相当高。大量的蹙金绣品，只有社会上层豪门权贵方可能使用，并影响到社会奢侈风气时尚所及初呷呀喁唶的小儿女。"一夜娇啼缘底事，为嫌衣少缕金华"正是这一写照。

丝织物加金织、绣，早见于汉桓宽《盐铁论》"罽衣金缕"，三国时亦有织物用金缕的记载，《北史·何稠传》载："波斯尝献金线锦袍，组织殊丽。上命稠为之，稠锦既成，逾所献者。"这次蹙金绣和织金锦的发现，可以说是揭开丝织物加金技术的新篇章。

▌被焚烧过的古代纺织品的保护

　　近数年来，在古代遗址和墓葬中，曾多次发现一些被焚烧过的织物残片[①]。现状大致相仿，或近于炭化，或已燃烧成灰。但织物的形体、质感，甚至织物结构也还保存得相当完好，依然不失为有研究价值的历史遗物，而为发掘者所重视，并细心地加以收集。可是终因其质地已经非常脆弱，难以在现场取得较大、较完整的实物标本。甚至即是取到手的残片，也往往容易在观察、取放、包装、转运等过程中继续损伤致毁。对于这样的织物，通常的玻璃板夹封法、树脂加固法或丝网处理、装裱等方式均已不能满足需要了，所以不得不另作探求来解决它的加固问题，就是说要选择出更为适当的加固材料和它的用量界限与工艺方法。经过一段时间的摸索之后，初步看来，采用不同类型的"室温熟化硅橡胶"来加固这种织物，可收到一定效果。

　　关于被焚烧过的纺织品遗物的保护，是一项尝试性工作。1976年开始，我先后曾对临淄郎家庄一号东周墓出土的织物残片、商丘柘城孟庄商代遗址的编织物、秦咸阳宫遗址的丝织品残片，在模拟实验的基础上做过加固处理，计有绢、织锦、刺绣、编织物与麻布、草鞋等七八个品种，数十件实物残片。它们都因受到焚烧而外观焦黑，表面略有光泽。尽

---

　　①江苏吴县草鞋山石器时代遗址也发现有炭化织物，是否火烧过，不详。其他几个地点见后文。

管织物的组织结构还清晰可辨，却已毫无强度可言。不能经受轻度的扰动，触手即易碎裂落粉，耐折能力等于零。对于脆弱到如此地步的织物，一般的加固材料，如甲基丙烯酸甲酯与甲基丙烯酸丁酯的溶液共聚物、四氟乙烯和偏氟乙烯共聚体、各种醇溶尼龙、丙烯腈改性树脂、丙烯酸树脂乳液等虽然都有某些作用，但在保持织物结构的清晰度方面、柔韧感方面，效果都不够好。对比之下，采用"嵌段甲基室温熟化硅橡胶"和"硅氢加成型室温熟化硅橡胶"，加固焚烧过的织物残片，具有突出的或者说独特的优点。用它处理过的织物，仅外观色调有点微微发深，其他则看不出什么改变。组织结构明晰爽利，纤维束照旧显得蓬松柔韧。这一硅橡胶的某些特点，如在耐压、耐卷揉、抗撕裂、急弹性变形性能等方面，正好补偿了这种织物失去的某些功能（譬如，加固后，织物就可以弯曲折叠）。同时又较高程度地保持着织物出土时的原有面貌。这对研究工作以及陈列展出都是可取的长处。其材料、配方和使用方法如下：

一、嵌段甲基室温熟化硅橡胶[2]

它是羟基封头的聚二甲基硅氧烷（简称 107 胶）和甲基三乙氧基硅烷的低聚体（简称防水 3#）共混之后，在触媒的催化下，室温固化得到的弹性体——硅橡胶，有较高的耐光、耐臭氧、耐潮气和耐温差性能，有一定的强度和较高的伸长率，并且使用简便。

制备时，可直接将 107 胶与防水 3# 按比例共混均匀，以有机锡做催化剂，进行嵌段共聚与交联固化，并可调剂它的比例，以得到需要的透明度，以及不同的强度和伸长率（见附表 1～3）。由于原胶体比较稠厚，用以加固被焚烧过的织物残片，则必须用溶剂把它稀释，才能导入织物纤维中。曾试验过十余个配方，其中两例效果较好。

1. 柔韧性配方：（主要用于发掘现场及室内对焚烧过的纺织物进行加固）

107 胶（M15 万）70

防水 3#（3－5 聚体）30

石油醚（沸程 60℃～90℃）400

二月桂酸二丁基锡 2

钛酸丁酯 1

以上材料按重量比（下同），依次共混均匀，当时使用。

加固方法：如系在田野发掘现场加固被焚烧过的织物，出土后须待织物吹晾至比较干

---

②嵌段甲基室温熟化硅橡胶，北京化工二厂产。

燥，保持清洁，如果是多层的堆积状态，还要适当地松动与分离形成间隙，以免加固后造成粘连。然后将以上胶液以滴管吸取，注渗到织物上，以能全部浸润而略有不足为宜，避免过饱和渗涂。随后用聚乙烯膜覆盖约 30 分钟，以利胶液扩散均布，检查无粘连现象后，即可换用棉纸封盖以利溶剂挥发，如气温在 10℃～30℃，相对湿度在 50%～80% 范围，3 小时左右即可初凝，12～14 小时可基本固化获得相当的强度，此时才可以着手起取实物。

如系在室内加固已取得的被焚烧织物，可将残片小心地移到滤纸上。织物表面若有焦油污染，应先用石油醚浸洗溶除，待织物干燥后，称重并做记录，随后以滴管吸取胶液，自织物一端向另一端挨次滴渗，至纤维润透胶液，表面不存浮液为适当，如发现滴加过量，可以滤纸条吸除一部分，最后移到干净的粗面滤纸上，置于清洁的环境中自由挥发，如果室内比较干燥，初凝时间可能延至 3～5 小时，要三四天后才能完全固化，达到理想的强度。

2. 高强度配方：（适于特定要求，一般避免使用）

107 胶（M20 万）50

防水 3#（3－5 聚体）50

石油醚 300

二月桂酸二丁基锡 2

钛酸丁酯 1

配制及用法同前，如在田野中进行起取大件或复杂情况的被焚烧过的织物制品，柔韧的配方已经不够有力，可以此方一试。

另外，如需加快固化速度，可在配方中加入少量的有机胺（如一乙醇胺）或 KH-550（r-氨丙基三乙氧基硅烷），用量为 107 胶与防水 3# 总量的 0.1%～0.5%，过多则影响胶体的透明度和强度，应斟酌使用。

二、硅氢加成型室温熟化硅橡胶

这是比嵌段甲基室温熟化硅橡胶性能更优异的一种硅橡胶，几乎没有收缩率，而有更高的撕裂强度和伸长率（700%），比较稳定，比较耐老化。它含有氢硅氧烷（称 A 组份）和含乙烯基甲基聚硅氧烷（称 B 组份）两个组份，临用前 1:1 混合，以铂为催化剂，室温下熟化为无色透明弹性体。

催化剂：以氯铂酸（$H_2PtCl_6·6H_2O$）用异丙醇稀释成 2% 溶液，避光保存备用。

配方：A 组份（M0.05 万）6.50

B 组份（M5 万）6.50

三氯甲烷 50.00

氯铂酸异丙醇溶液（2%）0.07

将 A、B 混合后以三氯甲烷稀释，并加入催化剂调匀，即可使用。

加固方法与前述相同，唯此胶加溶剂后在室温下固化较慢，特别是空气中湿度较大时，会吸潮发生反应，造成表面发黏甚至不能固化，必须在干燥环境中（60%RH 以下）操作，加固后放置数十分钟，置入 40℃烘箱中加温一小时逐渐升至 60℃～120℃保持两小时即可完全固化。如在干燥的环境中，室温下固化则须一两天的时间，以此胶加固的被焚烧过的织物具有较好的效果，但在田野条件下较难使用。若发掘时条件允许，取得照相、绘图资料后，可将织物原封不动地托取回田野工作室，在干燥之后再用硅氢加成型硅橡胶加固较好。

三、工作中注意的问题

1. 进行加固操作时，使用嵌段硅橡胶温度在 10℃～30℃，相对湿度在 35%～80% 范围内，都能使胶体得到良好的固化。如用硅氢加成型硅橡胶，相对湿度须在 60% 以下，温度在 20℃以上。

2. 胶液的浓度，一般控制在 20% 上下，对于纸灰、细薄织物的（炭、灰）残片，可酌降到 10%，粗厚的草、麻织物须提高到 25%。低浓度的加固液固化时间相对延长。

3. 向织物残片上滴渗胶液时，务求全面，渗透均匀，但不可加固过分，须留余地，必要时可考虑二次加固。

4. 织物加固后，勿在胶液完全固化之前去扰动它，此时被加固织物的强度反而降低，易发生弱点处断裂事故。

5. 胶液完全固化后（24 小时后为好），可将织物称重，大体细薄织物增重量为原重的 1/3～1/2，厚重织物为 1/5～1/4 为适当，所谓适当，是指被焚烧织物加固之后，外观要不显痕迹，保持结构清楚，组织点尚能滑动，织物能耐受轻度触压、取拾，有一定强度即可。

6. 对于褶皱成若干层的（炭、灰）织物残片，如需展开时，只要叠层不是结合得非常紧密，可只管先行加固，待充分固化后，给予适当处理，并略施夹持，放置数日，可基本定型。临淄东周墓出土的两色织锦残片就是这样展开的，它是迄今所见我国最早的织锦实物。

7. 硅橡胶的显著缺点是，一旦导入织物之后，就不能去除更新，至少目前没有这种办法，所以绝不能滥用于可以不用这种材料处理的那些织物。古代织物的保护，一般是不到万不得已，是绝不轻易向织物内部添加任何新物质的。应该遵循这样的原则。

8. 硅橡胶对于那些脆性纤维材料，或者是燃烧时仅仅烤焦了的某些材料不相宜（因为它无法帮助这些材料不被折断），倒是对那些焚烧得越是比较严重的才越有帮助。所以绝不要把它视为常规手段。

9. 嵌段甲基室温硅橡胶，因其中的防水 3# 为三氧物，交联点多，会随着时间的增长继续交联，使胶体转硬，故应尽量避免防水 3# 占比例过大（如 50%）的配方，而应用 107 胶：防水 3# 为 7:3，8:2 的韧性配方为好。但高强度配方在田野发掘中，用作抢救手段，仍可备一格。

10. 把硅橡胶引入这些几乎化为灰烬的织物之中，使它们重新表现出织物的某些特点，仿佛使这些织物"复苏"了似的。这实在是一种假象，所谓"百折不断"，那是硅橡胶的功能，实物一折即已损毁，不过有硅橡胶在连着而已。何况加上去的硅橡胶数量很少，绝不能因为加固而忽视标本的综合性保护和平时的精心管理。

以上，是一种特殊情况的加固，实近于恶病恶治，作用有限。

最后，借此机会谨向方世璧、李定才两位同志表示感谢，他们对这一工作曾给予热情的帮助和指教。

附表 1　物理性能

商品代号	共混比例		流动性	透明度	抗张强度 (kg/cm²)	伸长率（%）	透湿量 (g/m²h)	透湿系数	备注
	107	3#							
QD-203			好	透明	20～50	100～250			
QD-231	7	3	好	透明	20～50	100～250	2.35	0.408×10⁻⁸	
QD-232	5	5	能流动	不透	40～60	350～500	0.81	0.16×10⁻⁸	
QD-233	5	5	不流动	不透					加5%～10% 烟雾 SiO₂
QD-234	6	4	能流动	半透	30～40	250～350			
QD-235			不流动	不透	30～40	350～500			

附表 2　收缩率

QD-231 线收缩率 1.7%	脆点＜-60℃
QD-232 线收缩率 3.8%	脆点＜-60℃
QD-234 线收缩率 2.8%	脆点＜-60℃

附表 3　热老化性能

试样编号	老化条件		力学性能		注
	温度	时间	抗张强度（kg/cm²)	伸张率(%)	
K-1	30℃	1 天	38	400	
K-7	30℃	180 天	65	430	
H₂-2	150℃	88 小时	60	380	（1）用 QD-232，107 胶分子量为 18.7 万，防水 3# d²⁵=0.981，二者比例 5:5
H₂-4	150℃	312 小时	62	270	（2）硅橡胶：厚 1mm～1.5mm
H₂-5	150℃	744 小时	53	210	（3）催化剂：二月桂酸二丁基锡用量为 QD-232 全量的 1%
G-10-1	200℃	0	42	400	
G-10-3	200℃	48 小时	50	160	
G-10-4	200℃	77 小时	56	150	
G-10-5	200℃	144 小时	31	70	

字书文物的桑蚕单丝网·PVB 加固技术

　　1970 年－1971 年期间，中国科学院考古研究所接受了国务院交办的为阿尔巴尼亚修复两部珍贵古书的任务。该书系 6 － 9 世纪遗物，用羊皮纸制成，泥金、银书写，但朽败极为严重。为解决修复与加固技术的问题，考古所会同本院化学所研究后，各指派了科技人员，共同组成了技术班子，在统一任务下分别开展工作，主要是为了解决古书加固问题。

　　由于阿尔巴尼亚古书页两面都有文字，因而，我国传统的书画装潢的"托裱"办法便不适用。当时国际上如日本和欧美仍有采用"日本纸"、"无纺布"、薄纱织物……蒙贴印本书籍做加固手段的，其结果是文字清晰度下降、视觉模糊，外观改变过甚等弊病比较显著。同时，我们还注意到1970 年以前，国内国外近二三十年期间，在文物保护的"内加固"方面，轻率地单纯采用人工合成材料出现的一些问题，造成的损失，以及一些不可挽救的例证，从而产生了一个指导思想，对于直接施用于文物本身的加固材料，我们确实"以天然材料为主，合成材料为辅的原则"，并力求把合成材料的选取和使用数量降低到安全、恰好有效的限度以内。为此，联合技术组分别对八个系统的基础（补托）和20 余种黏合材料（其中合成黏合剂 17 种）进行了一系列的检测、筛选、制备与应用等方面的实验，终于在 1971 年 5 月成功地研制出以单根桑蚕丝叠绕网为主体，以聚乙烯醇缩丁醛为胶黏剂的一整套丝网加固技术。用它来正面加固字书等薄质脆弱文物，既有实效，外观又不显痕迹，亦不影响对文物的观察研究与照相，是一种新创的比较理想的文物保护加固材料和技术。其效果比以往对字书文物正面加固的任何方法都有显著的优点。

这是一项合作成果，包括两个部分："丝网制备工艺与字书加固方法"和"黏合剂的开发及聚乙烯醇缩丁醛老化试验"，这里介绍的是前一部分。

一、材料

桑蚕白茧：以当年新茧为优，粒度一般取中等者，茧丝全长 800 米左右，大小均匀洁白无污染。单丝断裂强度为 3.3g/D ～ 3.9g/D，断裂伸长 13% ～ 18%，也可据不同需要选用大粒茧、小粒茧等。

聚乙烯醇缩丁醛（PVB）：须用高纯度制品，白色微细粉末，灰分＜ 0.05%，酸值在 0.1mgKOH/g 以下，软化温度 60℃～ 65℃。

无水乙醇（或乙醇）：以二级品（分析纯）为优。

取 PVB 以乙醇预溶，按重量比配成 3% ～ 6% 的透明无色胶液备用，浓度可据需调整。

其他添加剂：除必要时，以天然色素对蚕丝做伪装着色外，其他如防霉、防紫外问题，均取外式法解决，以免导入文物过多过杂的化学物质。

二、丝网制造工艺

由于单根蚕丝无法在织机上织造，故采取一种特殊的方法——在车床上（凡具丝杠者均可）或自制的绕网机上绕制加工。成品具有平纹织物的外观，但经纬不交织，系上下两层叠压胶结成状，其断面结构是独特的。密度可任意调整，常用的有 20×20（根）/cm²、15×15（根）/cm²、10×10（根）/cm²、5×5（根）/cm² 等规格。下面介绍三种丝网形式。

1. 有膜丝网（膜网）

（1）取玻璃板裁成正方形，规格 20cm×20cm ～ 30cm×30cm 均可（视车床主轴中心高而定）。处理清洁，将其一边夹在卡盘夹具上。另在车床刀架上，装上金属丝制成的 Y 形"导丝嘴"。

（2）取已煮好的蚕茧一粒，置温水杯中索绪，再将单根茧丝引入"导丝嘴"，开机向玻璃板上等距绕丝（丝距一般在 0.5mm ～ 2.0mm 范围内，或因需确定），第一层丝绕满之后，将玻璃板转 90°，再相互垂直绕第二层丝，绕满之后，形成叠压的网格，从卡盘上将玻璃板取下。

（3）玻璃板两面有丝网，干燥后，即可向上刷涂或喷涂 6% 左右 PVB 胶液，务须均匀，入烘箱干燥即成透明的丝网膜，快刀划断四边浸入水中或贴上湿纸即可将膜网揭下。

有膜网厚度为 0.02mm（比普通报纸薄 1/3～1/4），夹入黑纸中保存备用。

2．无膜丝网（或简称丝网）

（1）先用玻璃板、金属板制成正方框架，要求规矩平正、不翘曲，成网面积约 20cm×20cm（可大可小，视需要和绕制机具设定）。

（2）绕网方式同前有膜丝网。

（3）绕好的丝网在网架上呈悬空状态，但两层单丝必须紧相叠压。取下绕满的框架，干后上胶。

（4）用含 PVB 约 3%～4% 乙醇溶液，向丝网上喷洒，两面皆须均匀，每一遍干后再喷一次，以将丝网上的所有交叉点胶结粘住，同时在每根单丝上也均匀挂上了胶层，成为无膜丝网（黏合网）。干后将四边快刀连纸垫切下，夹入黑纸中保存备用。

无膜丝网的成品厚度，由于胶结点的胶体略滴状，测量厚度为 0.04mm 左右，粘贴到纸质文物上时，PVB 溶解之后，实际厚度则在 0.015mm 以下。

3．絮状网膜

此为一种无定向丝絮制成的黏合网和膜网。上胶方法与前二者相同，但絮状网有长丝与短丝两种。

（1）长丝絮状网：取正在吐丝的蚕，置光洁方板上，令其自由爬行吐丝，为求丝絮匀薄，可略控制蚕的活动。厚薄达到要求时，将絮网揭下，单丝之间自然粘一起，然后喷制成有膜絮网或无膜絮网备用。

（2）短丝絮状网：购得白净生丝后，将胶切成 20mm 长的短纤维（分散成单丝），在"无纺布"（或干法造纸）的"气流式成网机"上，制成 500mm 宽的絮状网片，取下卷入纸中备用。上胶时先在玻璃上涂 PVB，再将絮网平摊于上，喷涂较稀 PVB 胶液，亦可制得有膜和无膜的短丝絮网。

这两种絮状网，主要用于"羊皮纸"书页或薄皮革的肉面（网状层表面）的补贴加固，它的优点是结构恰好和羊皮纸肉面层类同，隐蔽性好，适于特定的要求。

三、丝网使用方法

上述各种丝网上的聚乙烯醇缩丁醛，在制网过程中是把两层单丝胶结成网的黏合剂，在加固字书、丝绸文物时又是丝网黏附到文物上的黏合剂。

由于聚乙烯醇缩丁醛具有热溶性和液溶性（如醇、酯、酮烷等有机溶剂多可溶解），利用这一特点，各种丝网成品，均可以热黏合或溶剂黏合法贴到字书、文件、丝绸等薄质文物上。一般是能够耐受热压作用的文物或不能耐受某种溶剂的文物，采用热黏合贴网加固（比如，有相当强度的印刷字书、文件等）。反之，对于不能和不宜热压的皮革（如阿尔巴尼亚羊皮古书经鉴定受热不能超过45℃，受压即破碎）和古丝绸等文物，则以溶贴法为宜，溶剂可用乙醇、丙酮等。

对于那些朽败过甚，整体连接力很差或者表层粉化，字迹或纹饰附着力很低的一类薄质字书文物，则以"有膜丝网"做加固最为有利。膜网上的"膜"，主要是为了让丝网能携带稍多而又分布匀薄的黏合剂。这层可溶性膜，在溶贴时便渗入文物表层而消失，遂成为内加固剂，从而使文物的整体连接强度和表面强度有一定提高；新贴上去的丝网，才能得到一个相对坚固的黏附基础，达到加固预期目的。用溶剂溶贴丝网还可以缓解以至消除制网过程产生的应力。单面贴网亦十分平坦，不卷不翘。这些优点，对于朽腐、脆弱程度大的纸张、皮革、丝绸等薄质文物的加固尤为相宜。阿尔巴尼亚的6—9世纪的两部羊皮纸古书是双面有字书页，约842页，就是用这种丝网加固的。

溶贴时，将丝网平铺，书页表面以软毛笔蘸无水乙醇适量，先点定四角，再有顺序地将丝网溶贴于书面表面，以匀而不显光泽为准。

点贴无膜丝网时，乙醇用量更要少一些，宜在干燥的气候条件下工作。

至于有一定强度的各类植物纤维纸质文物，可用热压法把"无膜丝网"热贴在文物表面。在丝网和热力板之间必须垫一张薄薄的"防粘衬垫"，以免把文件、丝网、热力板粘在一起。衬垫的作用与"脱膜剂"相似，可有多种方法供选用：

1. 在热力板上涂有机硅材料。

2. 用聚四氟乙烯薄膜隔离。

3. 用RTV硅橡胶20%汽油溶液浸涂薄纸做衬垫纸。

我们采用后者，经济便利。

热力板：在处理小件文物时，用电熨斗即可。处理大件可用照相干照片的上光板，在上光机上加热操作。温度不可过高，压力要适当。局部的跳丝，可用毛笔蘸无水乙醇轻轻点贴。

采用此法，丝网格眼不宜过大，用PVB不宜过多，因为胶黏剂呈线状贴在纸张表面上，纸张在受热时产生不同的收缩，应力增大，在黏合剂与文物界面会产生剪切。故过薄、过酥的纸、皮、丝绸文物不宜用此法处理。而对于一般书刊报纸，大批量的加固处理速度较快。一般薄纸须两面同时粘网，才可防止卷曲。

在使用"无膜丝网"加固或精修某些非常娇气脆弱的文物时，也以用无水乙醇点贴法较适当。阿尔巴尼亚银字羊皮书（1971年）和我国湖南长沙马王堆汉墓出土的丝绸（1972年），有不少便是以这种无膜丝网点贴方法加固的。

还有一种情况，某些双面字书文物具有异常情况，既不宜热压贴网，亦不宜用有机溶剂直接贴网（比如，油墨油彩着色会被有机溶剂溶化）。若事先用水溶胶液加固色层，干燥时文物收缩翘曲，又难以控制理平，对这类情况，我们采用"复合膜丝网"，可得到较好处理。

复合膜丝网的制作：先在玻璃板上涂一层PVB，绕上丝网后，再涂一层稀薄水溶胶（如明胶、白芨、石花菜等单一胶液）。制成的丝网是两面具不同溶剂的膜网，做好标记，贴膜时，先将文物回潮，再以水润湿，保持匀平。然后将复合膜丝网的水溶胶一面平贴到文件表面，胶层溶后即将色层加固，整理平实之后压在干布中缓慢干燥，干后再将PVB胶膜用乙醇溶化，遂将丝网进一步粘贴封护在文物上。

不论采用以上何种丝网、何种方法粘贴加固文物，都要求黏附均匀平整，不跳丝，不显光泽，不显痕迹，以保持文物的本来外观和使文物得到有效、恰当的加固为准则。

四、效果

桑蚕单丝网、聚乙烯醇缩丁醛对脆弱字书的加固技术，是针对修复阿尔巴尼亚两面书写的羊皮书而发明应用的。其中金字书（约842页）由于书页酥软不均，文字蚀孔严重，主要用带PVB膜的丝网加固；而银字书羊皮纸已呈溶胶状残贴于薄麻纸（0.045mm厚）衬页上，柔薄如印痕，则主要用无膜丝网加固，两者适应不同情况而修复外观效果相同，具有五项突出的优点。

1. 两种形式的丝网都是复合材料，天然单根蚕丝被胶结成平整网格骨架，有稳定的形状和机械强度。PVB黏结力强、光泽低、用量少而有实效。

2. 正面蒙盖加固字书，不显痕迹，不影响文物外观，不影响对文物的观测研究和照相清晰度。

3. 比较耐老化，尤其是桑蚕单丝，考古发现证明，它具有2000年～4000年的耐久性。

4. 对文物无不良反应。

5．在较长时间内仍可溶除更新。

以上这些条件，满足了两部珍贵古书的高水平修复要求。

这种具有独特结构的桑蚕单丝网加固技术，当时在国内外是前所未有的一项新发明（至今仍处于领先地位）。实践证明，它的五项优点，是其他加固方法难以同时具备的，它的使用工艺上的灵活性、简便性和安全性也是其他方法所不及的，因此首先得到中国科学院郭沫若院长和考古所夏鼐所长的肯定和嘉许，并在同年（1971年）11月1日由外交部、中国科学院、阿尔巴尼亚驻华大使馆（包括阿国家档案馆专家）共同举行的验收会议上正式验收。在会上安东尼代办说："中国同志使这两部损坏十分严重的古书复活了……"后来阿方还请法国、意大利文物保护专家鉴定，均得到良好评价。

此后这项技术于1972年—1973年，又成功地应用于湖南长沙马王堆汉墓两千年前的出土丝绸、帛画的修复加固，并先后向湖南省博物馆、故宫博物院、国家文物局文物保护研究所、南京博物院、湖北省博物馆、北京大学图书馆（文献部）等单位介绍推广，除应用于两面字书、纸张、丝绸、皮革文物加固外，还逐步用于装潢的衬裱、壁画揭取时的画面封护等方面和近现代报刊大量加固工作中。最近（1987年）又应用到陕西扶风法门寺出土唐代珍贵丝绸文物的加固工作中。

经过十多年的实际应用观察，采用了这种丝网加固技术处理的文物，如马王堆汉代文物仍保持着原有加固水平和状态，粘贴于文物上的丝网及PVB其物理、化学性能都还相当稳定；高透明度，黏附牢度，柔软性……均无可感变化，无论溶贴或热压粘贴在文物上的丝网，都还可以容易地再溶取下来。它的五项优点依然如故。

另外，根据文物的不同条件，还能用各种天然黏合剂、合成黏合剂制成多种丝网，品种现已达二十余个，可适应各种需要。但最常用、最重要的黏合剂仍以PVB为优，而最优的制网材料则仍是桑蚕单丝。

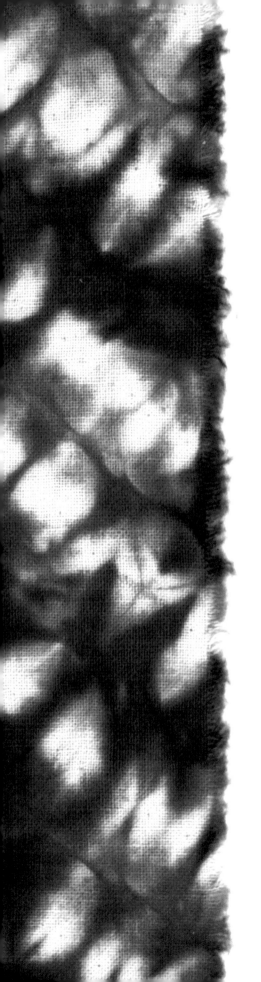

染缬集

下编　王矛染缬笔记

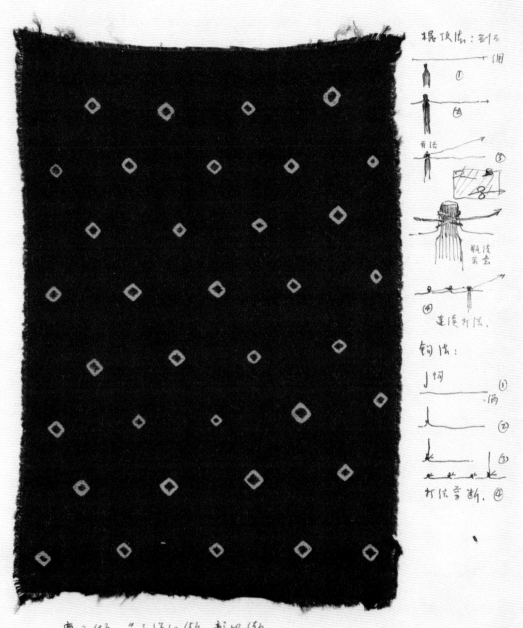

棍顶法：割る
①用
②好
剪法③
④连续打结法。
钓法：
喂①好
②
③
打法弓箭。④

鹿子缬、三子绞红缬、醉眼缬。

唐代。鹿子巾。绵合新晓。戴藤初孕。莅老无映。连珠跌失。

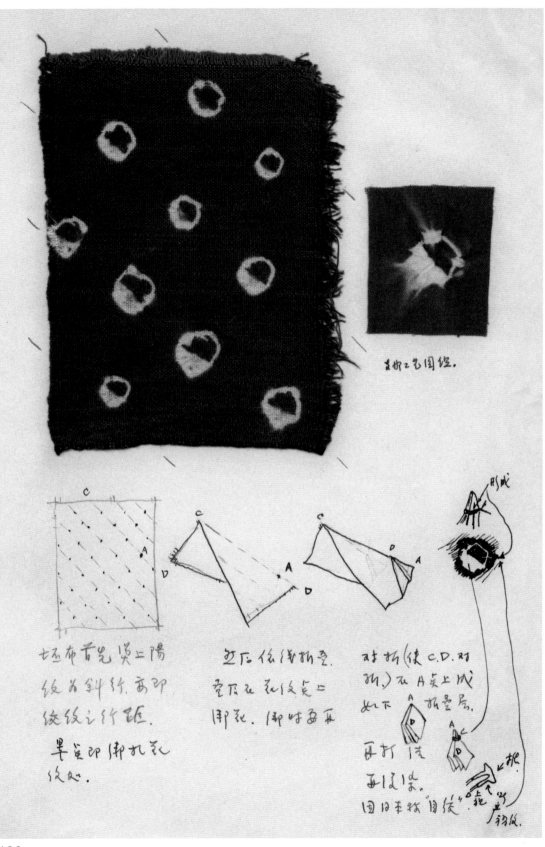

手折工艺图经.

土布首先染上阳
纹为斜行. 而印
纹之作距.
毕尽印御扎花
纹处.

并后依线折空.
空达石花纹尖二
御花. 御好至至

对折(使 C.D. 对
折)于 A 尖上成
如下 折叠层.
再打结
再1约1次.
用归手指'日后'.

形成

斜纹.

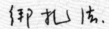

绑扎法

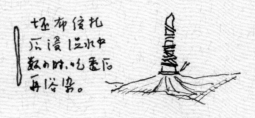

坯布绑扎
后浸入水中
数小时，吃透后
再浴染。

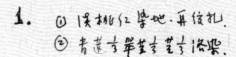

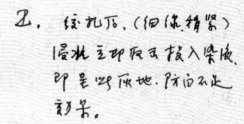

1. ① 浸桃红染地·再绑扎·
   ② 青莲方单萘方董方浴染·

2. 绑扎后·（细条精紧）
   浸水立即取去投入染液·
   即是吃透地·防白不足
   效果·

3. 绑扎后·吃水使透·
   又以毛巾吸去水分再浴
   染之效果·

4. 松扎·吃水
   不透·即入染
   之效果·

3

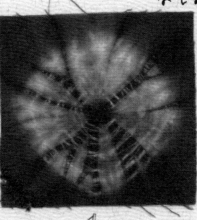

4

137

6

← 1
坯：色绢绸5寸（底色为花色）
染：续柒
色：藏（印花色）主军色全文
（另用废料色）
衣 1. 酸性桃红
2. 盐基品绿 } 烩柒
（未经助剂处理）

← 2
坯：绉绸（底色为花色）
作：同上
色：酸性桃红 冷柒

绞花试制
① 顺向18度体折叠
------ ● ------ 折条断子如 ∧
先二点为花朵之中心纪号

②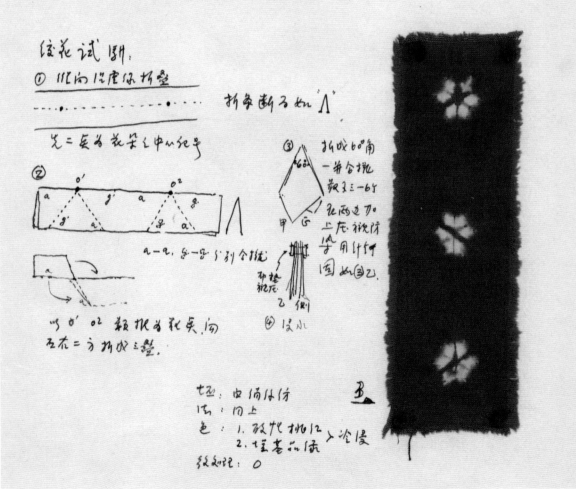
a—a、b—b′ 别合挑

以 o′ o² 顯报为花朵向
左右二方折成三壁

③ 折成60角
一齐合挑
裁三三—6寸
孔两边加
上左 挑作
学 用针扎
固 如③乙
乙 侧
④ 投水
甲 乙

五

坯：中绢绸绸
作：同上
色：1. 酸性桃红 } 冷浸
2. 盐基品绿
浸处纪：0

138

山東捆具.50年前.(1910)甚流行之"搞花布"
(多蓝地白花.)

1 小鳳子 *

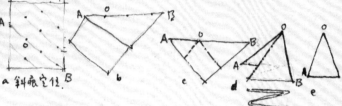

1 * "小鳳子"即小鳳蝶意也.尚另一种
称"钻鳳"者.即夾翅倒立象者.

a 斜痕空位 B   b   c   d   e

f   g

搞塈即寸浸塈.

2 团鳳

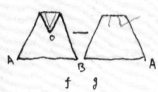

2. 搞塈

先钉两斗   再折角如 **1** f 搞塈即成

3 勾牙边 (跳样)

4 皮球花 &芭米花

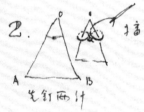

4 制坯如止.各花.處打两
斗即成

制坯如 **1** a.b.c.d.e.

5 小蝙蝠

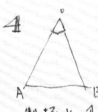

5. 制坯如 **1** a.b.c.d.e.
做法同 **4**.各花
.處偏钉一斗即

6 用豆粒裹衣布内御扎.大花.

1984.8.30.在京御財票记之.

139

折叠 …也是扎花.
试扎.

倒3　　正3　　　　打开.

在正3图上将角顶向一边折下这周
如图

在背面顶加 △ 形衬布
垫防染. 不扎即成

 形, 扎保即皱.

家机白布.
主兰淋水溶解温清
付呈入(冷后)4时.
63.5.24

634 先于郑发.皂煮.

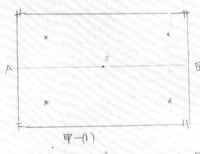

甲一(1)

甲一(2)

甲.(1)将布片AB对折.如(2)
以0为蝶裁中心.OC凹褶.OD
凹褶∠COD.AOC.DOB皆为60°
折成(3)沿EF将0向下折
叠 符蝶裁之坯型.如乙.

乙.绽线:绽处(红线所示.只有
两个针眼.位在(1)名针起针
孔(2)名缝洞.也绽.此绽皆
孔(2)名为蝶之领夹.绽妈
如(3)所示.

丙.绽圆珠圈.蝶花绽
后绽.形AB为直径.在
蝶裁外围.加绽圆形花
夹.自G处绽.改针缝
成半圆形.至H.抽紧
作止绽.即成.如(1)
若多着料.又变同时
缝绽如(2)J比K比.

丁.甲一(1)面上四角×形
符号.为底纹绽成后
扎上即可.

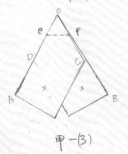

甲一(3)

乙一(2)

乙一(1)
乙一(3)

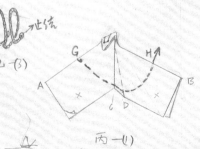

丙一(1)

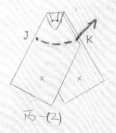

丙一(2)

141

绞紧无理防染。

绞保白绝浸染

绞7—8成紧
白绝浸染.

以上三片家机练师
土靛热染90°C
一斗.

63. 5. 15.

《新疆出土文物》一三九

1978.5. 仿 阿斯塔那 染缬图.

143

仿《纺织工业文物》一书，苗花．
染色．破故供妹染液、先浸，再
入苏枋木液中浸泡．1978.5.

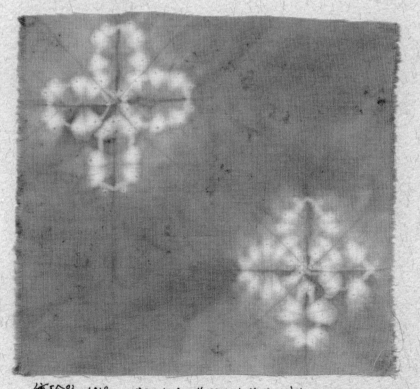

倩珍陵，刘锦，明祝叶弘．苏枋木液注浸1分2吮．78.5.

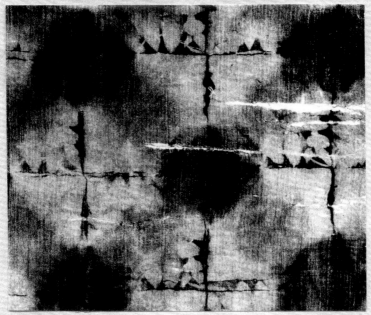

（3）缝线后，先

1. Ⅱ夹，再之Ⅰ夹。
2. Ⅲ夹。3. Ⅱ夹 4. Ⅰ夹
4. Ⅲ夹，逐个缝成
不夹 4. Ⅰ夹开始。
固不许加2.

（4）缝毕成方格
凹凸形，以指将

（工艺新20图）
夹爪弄平，水拔后
先浸浅色（满浸）
再取出，浸其中浅
浴染液，成深色
（或本色）件方格状
后。（成1米孔 1—2.3mm）

（之图（3）

先将绸料顺经纬方向折成阴纹方格。
如——线所示，格 5cm 见方。
再沿对角线折，阴纹纬线，方向自上端右斜。
如——线所示，衣口保之与经线交叉上。
即花纹中心，将我色处加之线花。

（1）——凹褶，·—·回褶，◆ 花纹入夹。——辅对凹折线，对折是成花中心(二此线)

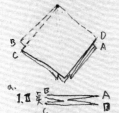
1.Ⅱ夹

（2）a 以 1.Ⅱ变夹
为侧，顺之凹回
折保折成图a.

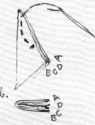
b.

b. 再将a. 折成
长圆，向 C.D之
二夹如。先花其
了折也低孤保缝
は 4—5针。

c.

c. 缝对向角
项方向抽
缝。

d.

d. 将件保前
项端缝下倒
一匝扣下端
剁下。

（3）

扎缝之领头向下，垭個之凹凹
衣衣下，方格状 地楼衣上。
浅浸曾浸深浅色染水时，即成。
红色纷率浅色为浮色染浸、高。 2-3mm

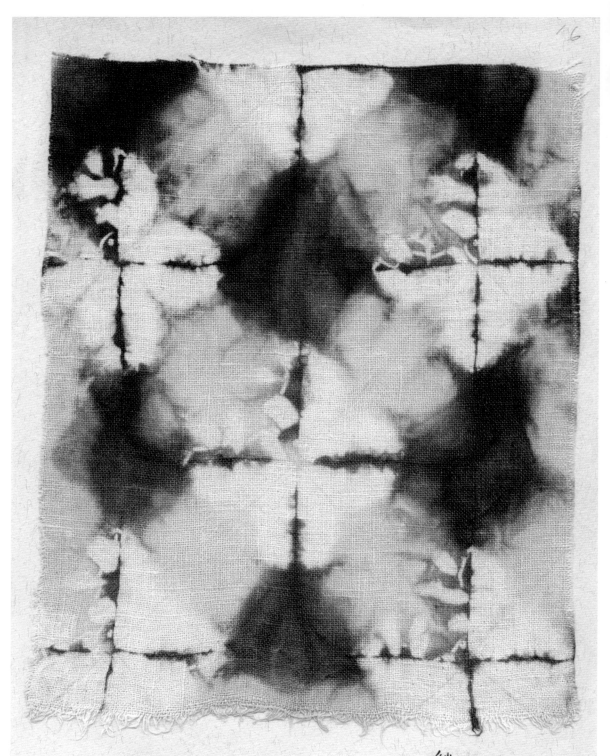

麻地缬

绞缬结合法：缝绞后 先染黄，再浸|漫，坯不展疏平放。
兰 染液 2-3 ——— 缬，日浸染底部，去缬浮画绘。

1978. 5. 5式

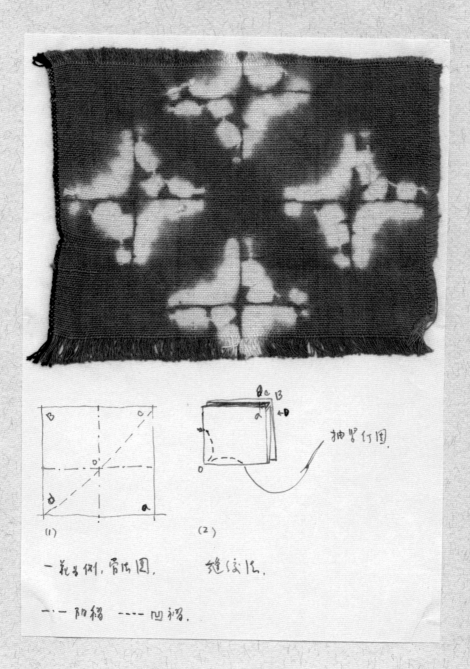

1P

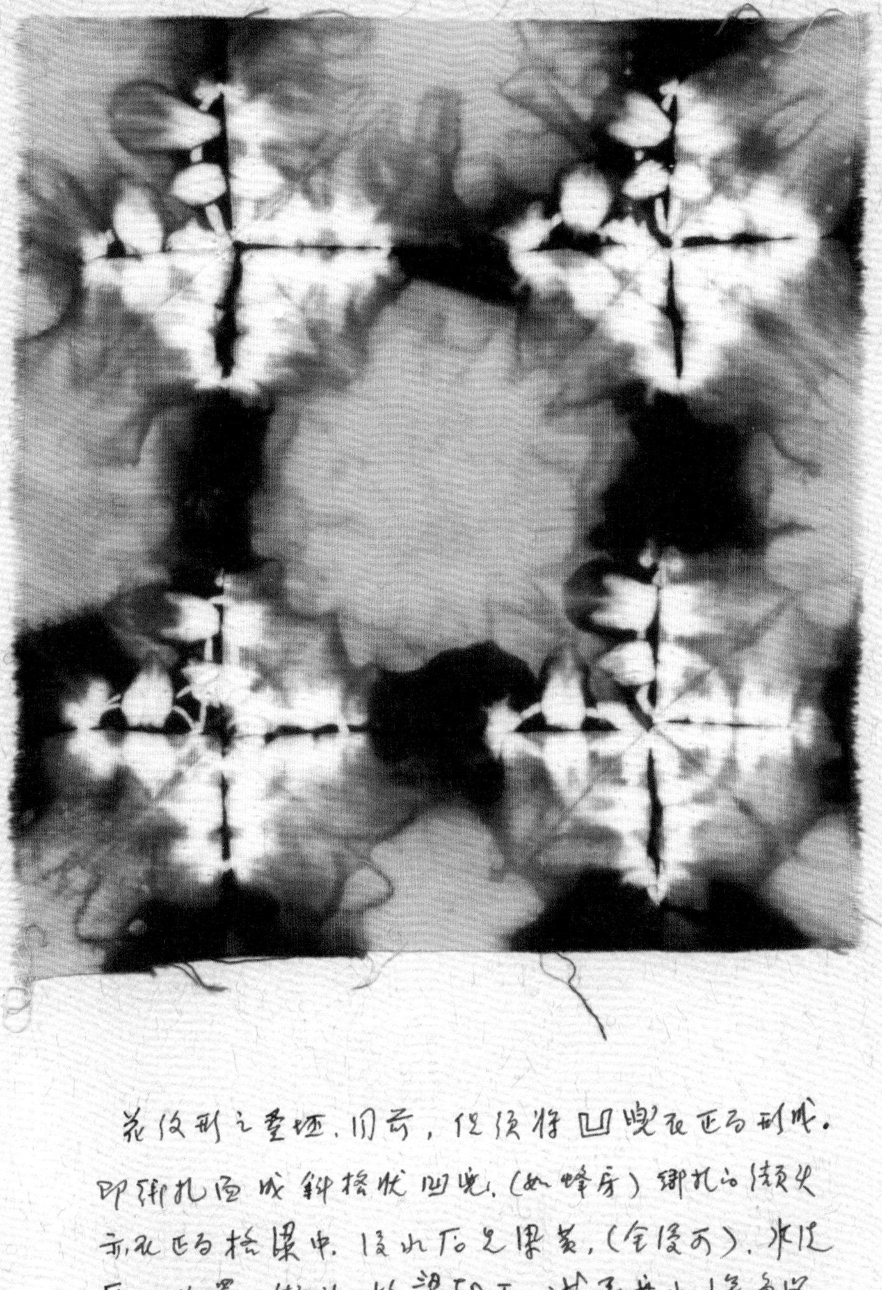

花纹形之叠坯，同前，但须将凹凸面正面对成。即绑扎面成斜格状凹凸，（如蜂房）绑扎面须处于正面格眼中，浸水后先染黄，（全浸可），水洗后再放置，缬头，格梁朝下，滴干无水渍再浸，（液面深度2—3mm）染。最后即成此式。

前式深浅色作  斜格之局，此则作方格  格局。1978.5. 与刘谓良黄道高作之也。

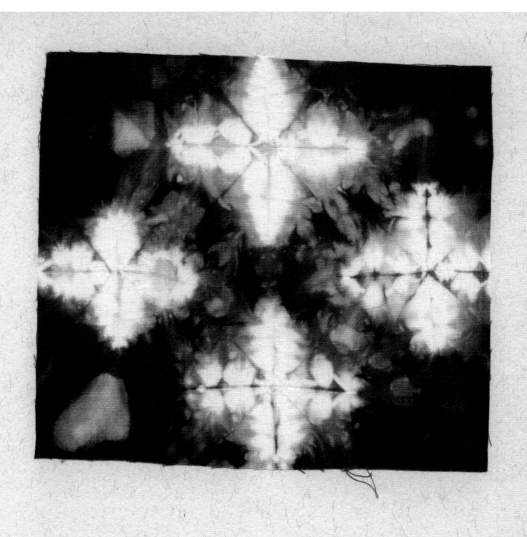

100

心式颜主空五彩神动景、(……桃红为彩莲染上药、) 28.5.30

151

家机工手织布
直立、经纬2号纱
63.5.

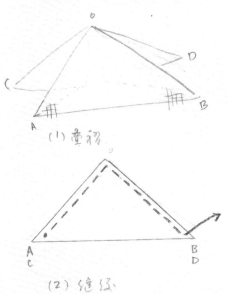

(1) 叠折
(2) 缝线

(1) 叠折成一直角等腰三角形.

(2) 使 AC, BD 重合, 两褶四层布.
自 AC 也后, 向 O 及针缝, 毛
顶转向 BO 缝. 到尾, 拄线
抽紧, 作此法.

深白家机布. 青芝 程瑷 2½寸

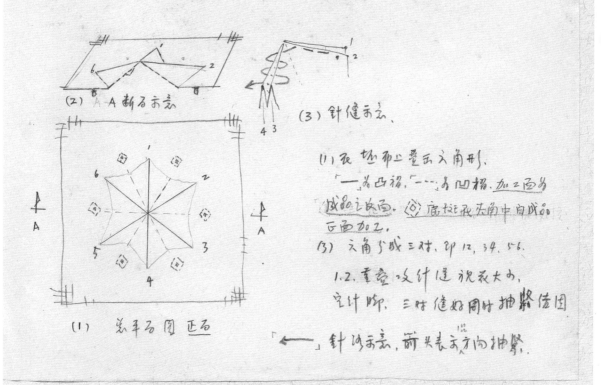

(2) A A 断石示意.

(3) 针缝示意.

(1) 衣 地布上叠云入角形.

"——"为凸褶. "-----"为凹褶. 加工面为

成品之反面. ⊙ 底拉比我去角中自成的

正面加工.

(3) 入角分成三对, 即 12, 34, 56.

1.2. 重叠 改针缝 就衣大小.

空针缝. 三 针 缝好同时抽紧 佐围

"←" 针沙示意, 箭头表示方向抽紧.

(1) 若平石图 正石

154

苗细布，直地冷浸8½小时。 63.5.22.

(1) 登场，同雪花Ⅱ号。文条羽状叶 逐个加工
位 些加工面即为正面。

(2) 羽状叶的处理

A.端为七货处，针眼距褶
脊为远。B端为近从文针眼
距褶脊较远，即褶纹与
缝线不平行。成角如图。

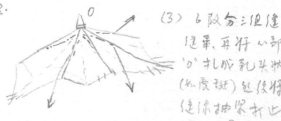

(3) 6股分三组缝
缝毕，再将小部
"0"扎成乳头状
(如质斑)然后将
缝线抽紧打止
缝扎围。

针脚不等，入卧一长，
A端又比B端为
外，取其羽状叶
尖小根大

家机漂白布，在蓝靛浸染了3时。
63.5.22.

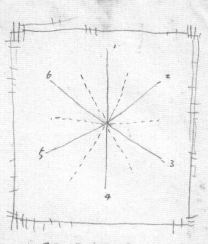

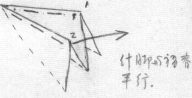

(1) 墨坯示意图。成品设面
"凸褶"———"凹褶"
褶成凸凹之角毛状。

针脚的褶都
平行。

(2) 缝缀示意。

因为单褶缝缀法求得清楚
匀称之雪花形。每褶之个针眼
距离均等。自褶顶依也
经向中心收针缝。至心处
再转到都褶"2"缝下。果
当下线头（最好，三个针缝。
每两褶用一个针）全缝好以
后同时抽紧打止缝，钉固。

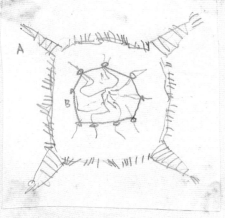

A. 将四角以皮
绦扎也。
B. 在(2)之序之
后，坯布发
个了，（即发毛了）
衣缘上用合股
绦倒向针加
缝，造成白色
小散矢。

→ 倒向针
示意。

(3) 正石 绞扎示意图。
A. 将四角 伊扎。（以皮体）
B. 在(2)之序之

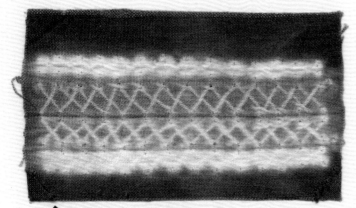

♠ 缝绽绸纹花边. 背面为另一效果.（背面实为加工面）
此样为所见包袱原大。另孔黄之路如
实者见以样棒布. 为棕黄色. 双层装饰. 内实线. 泡之
幼状之凸凹仍
保持至今. 年代
不详. 18万老之.

♠ 此为孔言见一袋花
土布包袱. 用蓝花边
防白线（实样见左）框.
内中为网状. 外两边
类锯齿. 为缝绽纹.
框内. 为绽力蜂线.
649克于地言说. 而绳为
河北产样匠之物.

① 布条对折.

② 折顶再向前边折下 10mm
宽. 稍压平熨.

③ 10mm 取中再向後折
下. 使两边对称. 即
可缝绽.

缝绽法,

① 一日 折边. ④ 缝绽: 缝时须注意
不使 折边松散. 之保持贴压紧密.
以使花纹几何美之正确. 针脚及均匀
石糊下绽 行针孔一走缘上. 两边都要住
去. 针眼距下边 约 1mm. 成. 即此缝. 绽.

末解决尚缘
花边之相接角习
离孔知如何缝也围
其实浅
故耳.

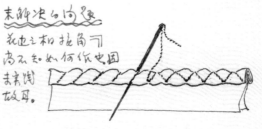

④ 缝绽时先由一端 针缝
至另一尖角. 缝时线需抽拉紧.
毯压. 由另一端要令针眼放针
内缝回尖尖处抽紧此绽.

157

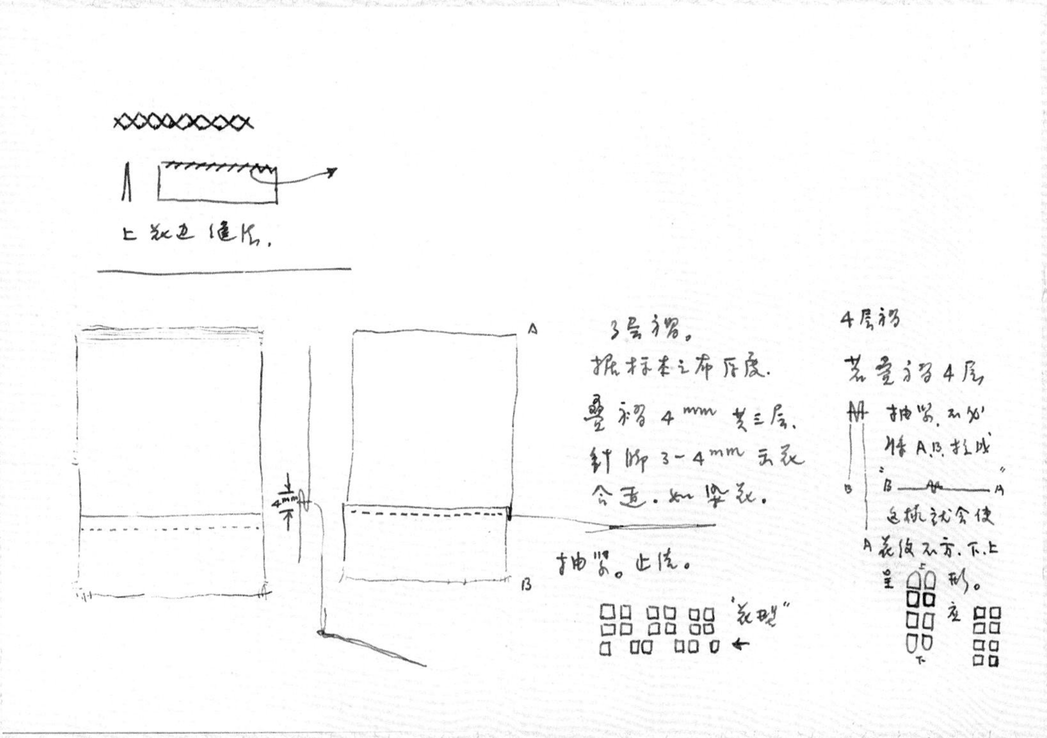

上花边缝法.
A
B
3层褶。
据样本之布厚度.
叠褶4mm共三层.
针脚3-4mm云花
合适。如图花。
抽紧。止住。
"花型"
4层褶
若叠褶4层
抽紧，不然
将A.B.拉成
B
A
这样就会使
花纹不方，下上
呈
形。
上
下
左

（方胜）　醉缬 挑红绸.

缝扎法. （方解为摄单版）

绢/绸.

1. 坯绸折置成三层.　　断面如"N"

2. 熨斗烫平. 成 折条　□ N

3. 在 A 面上 描 ∧∧∧ 形以针引合股线穿缝 ～∧∧∧～

4. 缝到头之作法. 将线逆针作方向抽紧. 成芝字状. 然后将套登 譬如打开. 免使其相粘好染.
   a. 抽紧时需要活化
   b. 需打开、免使其相粘好染.

5. 浸水. 以清水浸透. 欲花纹之深浅建之位. 即由水中取出. 带水入染. 欲得草染效果显著之花纹. 可入染前先以干毛巾吸去一些水份. 使染液难入较深. 由浅及深. 又定.
   ①绝水浸：可能绳扎到花纹.
   ②可将绳扎贝形及之初断边之花纹. 只刻大大偏之或省题, 不够不开者.

6. 直接 染料 至板 淡色. 注浸. 再加热至沸. （故色活可染染延时.）
   由浅与染 经常提动, 大历时5—10分钟
   △染色（过滤和处理有花花纹边缘及五边痕 花纹过平板, 反差/较为层次

以上二版. 用绳扎芝, 加古直金之.
衫金之至乙芝, 合者急上合纹成表
石绵绸状. 染乙为. 水浸时乙色浸起做.

C　　　B　　　A

先染浅茎, 开右染桃红.

1. 抽纱也要

2. 水1层纶和染前去的收去了
   余水分.

3. 浸染时. 染液
   浓. 注意高. 时间
   细.

4. 地组质薄, 显层
   白.

五环21种 布晕状
染花要.

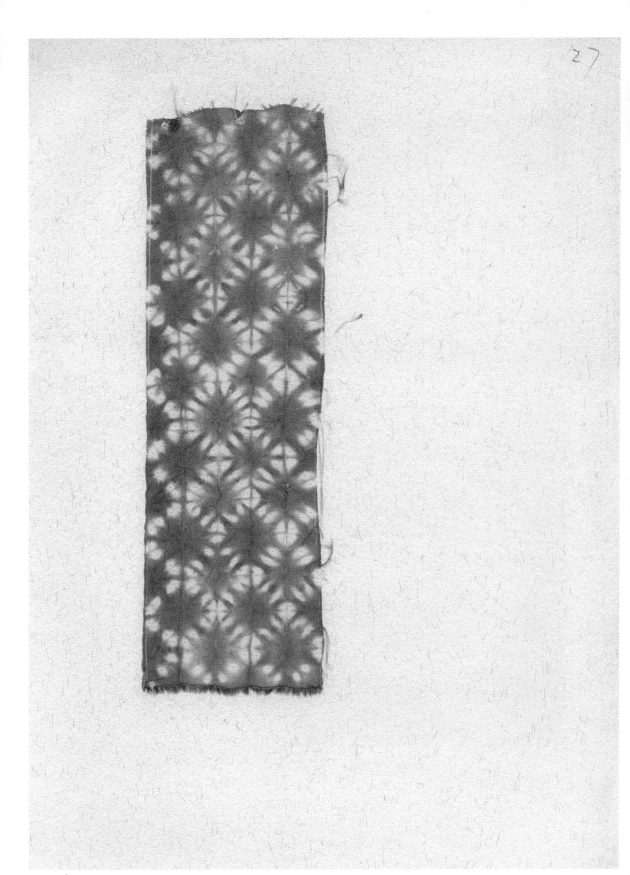

方胜格子小撒晕　　　　1965.10.10.

坯条两侧分别染色液面示意。

方法：

① 缝绞法：

　#5 醉眼抛红绸法同

② 染色法：

a. 将缝绞好之坯条展开套盖之之框。将坯条自侧置浸入染节内。染液(第一色)不封满。将织物全浸没染色。如第一次全染桃红。适度后扎紧，不拆除，继染第二色，用翠蓝。染液不超过绞缘，最好距之 2~3 ᵐᵐ 太太深，此时将坯条的一侧着染扎染液。第一历衣液之外。染色后剪衣缝绞中线以大。这样原桃红，旧为桃陜，二染翠蓝者则为紫色。(如左实物) 这样，便可成为缝缘两旁染成二色之方格文。

b. 若将缝绞完毕之坯条自次缓处分为两个侧面，以一色液里染之中。将浸水饱和后之坯条侧立于染中。染液不过绞缘，浸有时，原坯水中夺得色。再另立如法染另一侧面，亦方。承素，分染两侧两次染花。

方胜撮晕　　　（缝、绞结合法）　　　1965.10.10.

1. 七宝文.

2.

64.8.14

Ⅱ 七宝文。（此为正仓院宝物"之宝名。

此文是阿拉伯民间应用极普遍，谓之曰"軌轆钱"或曰"铜镶钱"皆是。其应用极广，见之建筑花墙、木雕、石刻，见之金银工艺、掐丝、錾镂、嵌填、纺织、缂绣、印染、补绣，以至陶瓷彩饰出……不一而足。

此纹我仅见之缬袋，仅杭之于《正仓院宝物》一书之封面，他处未尝有。有图片记之，针迹为平绣针。此图式之世传，万所阿斯塔那304墓之手袋缬染，为姊妹。同为1连缀1针，又是同一构托之变化样式。304墓为单式，此为多段式结耳。剖析如左：

Ⅰ
① 304墓本折N刑断面

② 缝保45°于布条，作90°角之锯齿，又行平缝续。成行缝至。

③ 针迹为单行。

Ⅱ
① 此样本正是亦折N刑断面

② 缝保两条，沿L保所去之304指格为中缝。在两侧作对称圆弧，即沿样本L连续针迹。然后抽紧。

③ 针迹为秋式。
弧线

④ 此针迹者以上图红色折线（中线）为成内外侧，自90°夹角作二新保垂直于缝，集也AB二新保OC以飞外侧圆弧为半径，其内侧1样径亦如之。

Ⅲ. 2（差色窒由後者）

此为 Ⅰ 例之去保程式。两折线成角相等，保段并作。

生亥针法：可成不同花纹。

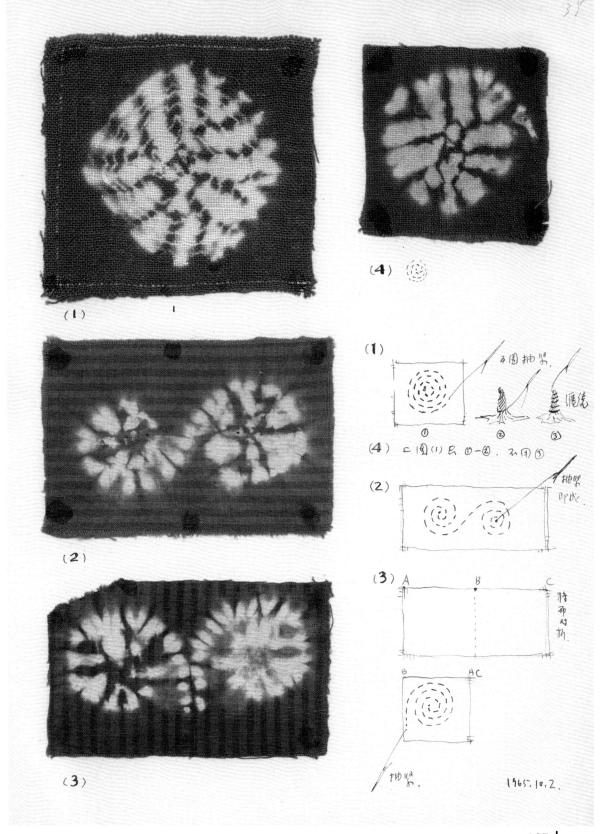

(1)

(4)

(2)

(3)

167

樗蒲茨.

钍

抽紧

我作

中心扎石 回

1965.10.2.

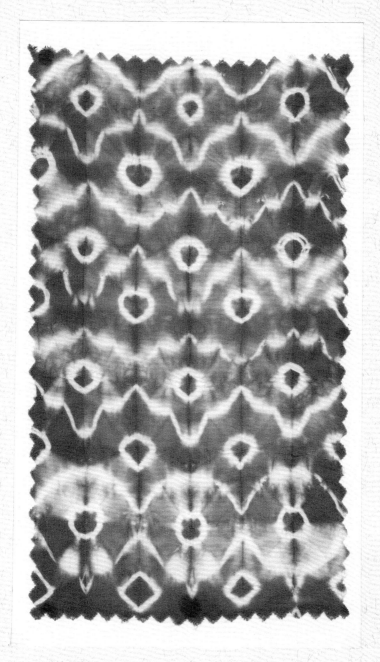

扭转御扎ぢ.　　　　Ⅱ

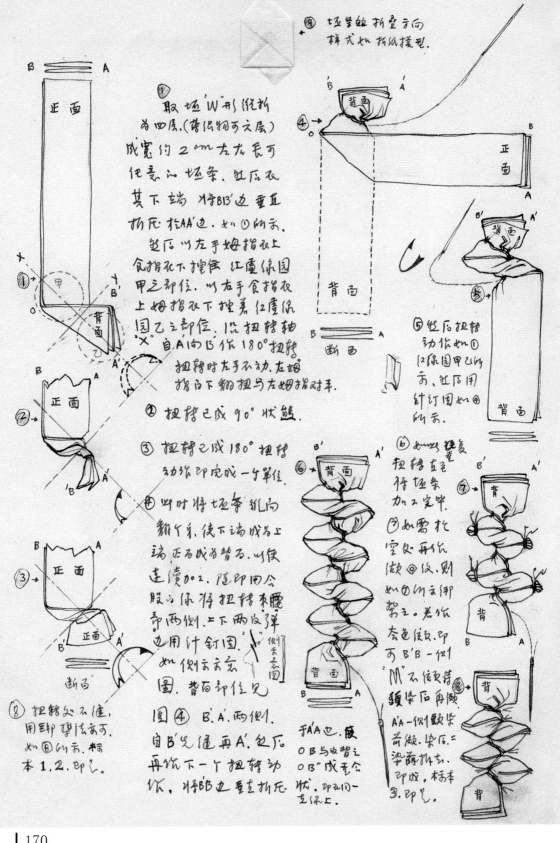

⑨ 坯条的折叠方向
样式如折纸操型。

① 取坯"W"形纵折
为四层,(若纸翔乎之层)
成宽约2cm左右长可
任意小坯条,然后衣
其下端,将BB'边重互
折压于AA'边,如①所示。
然后以左手姆指衣上
食指衣下搓住,红虚线圆
甲之部位,以右手食指衣
上姆指衣下搓着,红虚线
圆乙之部位,依扭转轴
"X"自A向B依180°扭转。
扭转时左手不动,右姆
指由下翻扭与左姆指对平。

② 扭转已成90°状态。

③ 扭转已成180°扭转
动作即完成一个单位。

④ 此时将坯条纵向
翻个乎,使下端成为上
端,正面成为背面,以便
连续加工。随即用合
股小线将扭转本腰
部两侧,上下两次弹
边用针钉固,
如侧示示意
图。背面部位见
图④,B,A两侧,
自B'先缝再A',然后
再依下一个扭转动
作,将BB'边重互折压。

于A'A边,使
0B与食指之
0B''成吏合
状。即如同一
支线上。

④ 然后扭转
动作如①
红虚线圆乙所
示,然后用
针钉固如④
所示。

⑥ 如此往复
扭转左右
使坯条
加工完毕。

⑦ 如需充
空处再依
做④仪,则
如④仪之朝
势立。若依
套色依,即
可B'B一侧
"M"不须替
颈染后再颊。
A'A一侧题染
前颊。染后二
染颜拆去,
即成,标本
3,即乙。

⑧ 扭转处不继,
用卸卸法充示。
如①所示,标
本1,2,即乙。

⑤ 然后扭转
动作如①
红虚线圆乙所
示,然后用
针钉固如④
所示。

（二）缝线如横
型上四角注
你所示，缝好
止缝打圈。

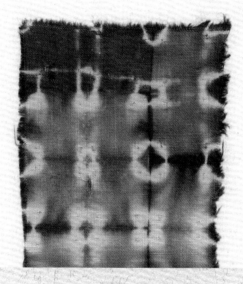

43

佉绽

正经与
断面

反面色调柔和
均匀，花纹对称，
但没色面色调
之多层次。

尚细布　美术照复2号叶。
　　　63.5.26.

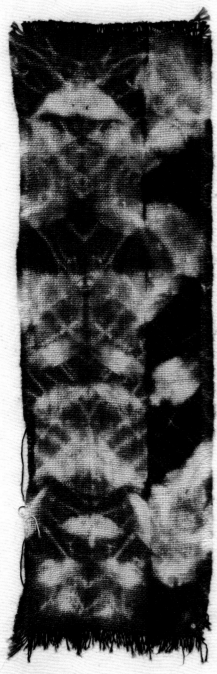

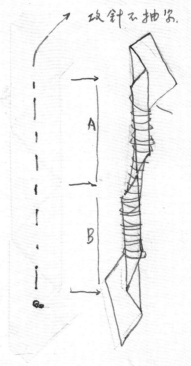

攻針不抽紗.

A

B

正る　　　　倒る
(2)　　　　(3)

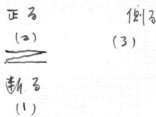

断る
(1)

(1). 坯布日叠 断る N 刑.

(2). 坯布拉叠 折痕折之成45°
反复叠成, 以保攻针在中央
穿过, 针脚见图. 差不抽紗.

(3). 以 A, 为单位, 在倒る上左
右互对折. 再以 (纸里伐,
六、七成點, 再深水染色.

63.5.19. 土蓝1½浸 8号的时.

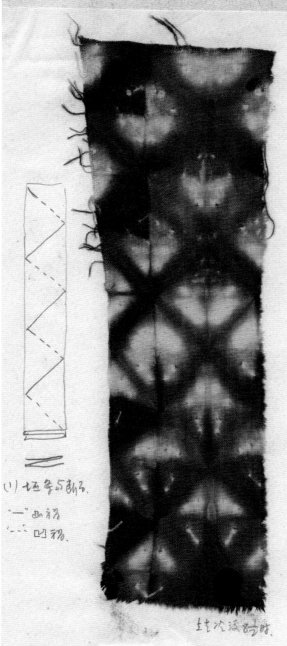

百褶布，五寸冷染 8分钟。0.3.5。

(1) 坯布5折子。

"—" 凸褶
"- -" 凹褶

做法同"山水花Ⅰ"位 可使图攻纹
较密。必花住住长长。了解如住庞生。
依依条、或珍眠更长而形状？？再试制

此冷染5分钟。

(2) 缝打。
压成不形
蜂旋墩

(1) 坯布三层依45°线，向一力向
挡查，成(2)好绒墩型
(2) 查好了后如图所示，四个
等距三角形把一石方中共主
角各对顶角。四个黄尖尖。
用四针钉住，挡牢打
止绕，並未抽坚七褶。

西细白布
古芒诊没
8½吋.
  63.5.22.

(2) 坯条缝渍示意.

(1) 将布条叠成三层, 成N形断石. 一为巴裙, 二为四褶, 合霞扭叠成坯条(2)见图中AOB, 由180° 折成90°.

(2) 缝线: 由坯条一端中央引线作此法两务一端改针缝. 针缝如图. 每一三角形为一针脚. (四针帐)等求规律, 以致几何排列安花.

(3) 再试扎曲的效感.
1. 针脚而加密, 行细致组.
2. 可试两行绞线, 得宽条衣.
3. 成品按拼接至改度断石.

拼N断石卉   拼W断石卉

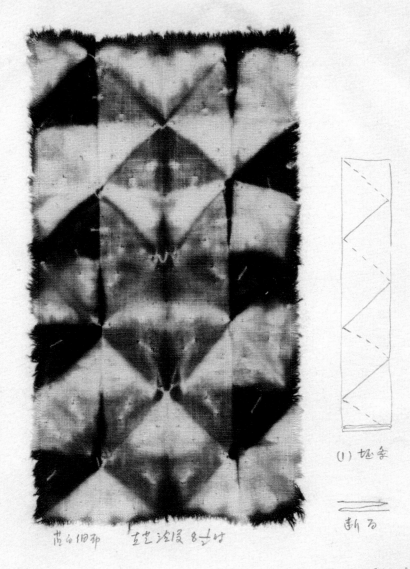

(1) 坯布

斩石

(1) 将布三叠、成条、再行折叠成螺旋墩、
   如图(2)
(2) 以线将中心部位钉下、再将四角钉住。

(2) 螺旋墩状物。

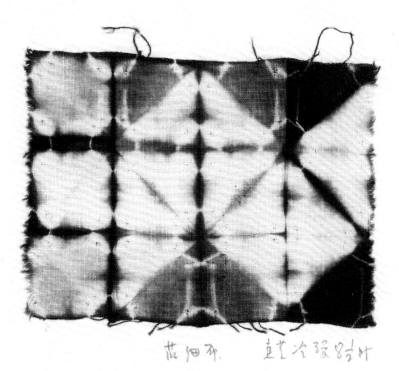

花细布。　　直线冷染8分针

63, 5, 22.

缝纹图:三个角
各一针眼缝两针
勒紧止缝。

盈地兒 ▨ 三角墩

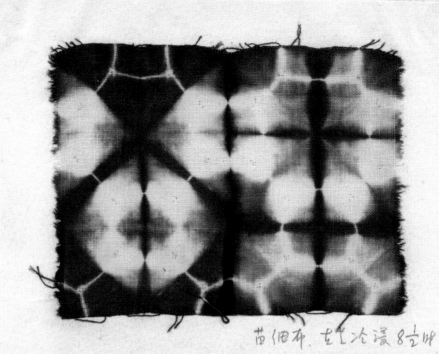

苗伽布. 生生冷浸 8½时
63.5.22.

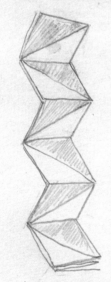

缝经圈. 扎三角墩.
中心一针对三个边
各缝一用勒紧
打此结.

〜〜〜

叠坯条. 5曲折.

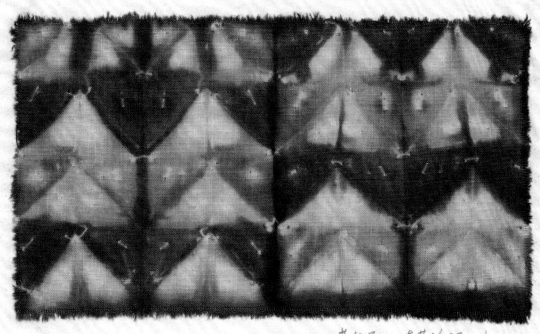

苗细布. 立芝论浸8金钟
63.5.22.

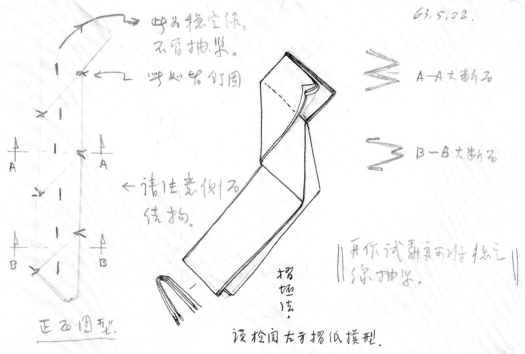

此处稳定绦,
不需抽紧。

此处皆钉圈

A—A大断石

B—B大断石

1
1
1
1
A A
1
1
1
B B
1

请注意倒石
线扔。

开依试裁裁裁放稳之
线抽紧。

正面图形.

折埂法

请拾阄大于摺低摸型.

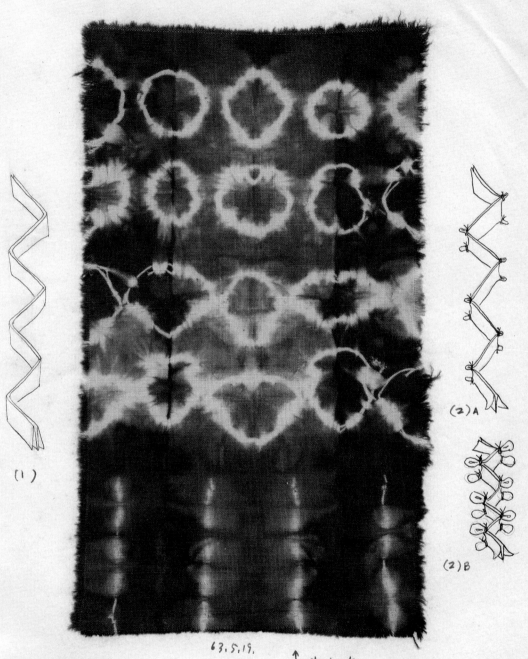

(1)

(2)A

(2)B

63.5.19.

(1). 叠垛，断之如 M

(2) 使扎，在㡯条上折去若干
矩形，两矩形其 [?] 也
折向上，扎成扎题状
可大可小，如(2)A.B.

↑ 莅 [?] 布，以(2)B 形式 [?] 扎.
其 [?] 2 [?].

（1）

（2）

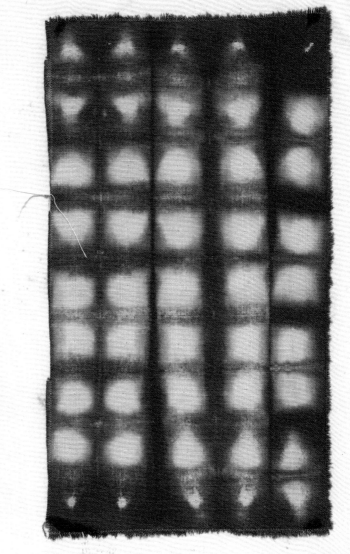

蓝白印.　　　　古茎坯浸 10分钟,　63.5.7.

（1）.坯象及断另：　纵折五.云整後.再叠成方墩形.

（2）缭钉：在方墩中心一纤抽紧扎固.

註：压折等缝而圆形由较毛.可静围浸染时向外.收色不
足、未成.而可静位止如咖.

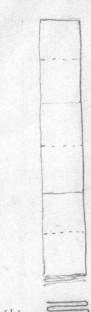

(1)

(2)

脱胶沙布. 至芝松设 10倍. 63.6.7.

(1.) 坯条 及断码.
　　坯布似折4—8褶. 再叠成 正方块形. 如图(二)

(2.) 坯条折双线. 将其一角. 上. 下穿连打圈. 再将对角打圈. 如(二)
　　红线扎牢.

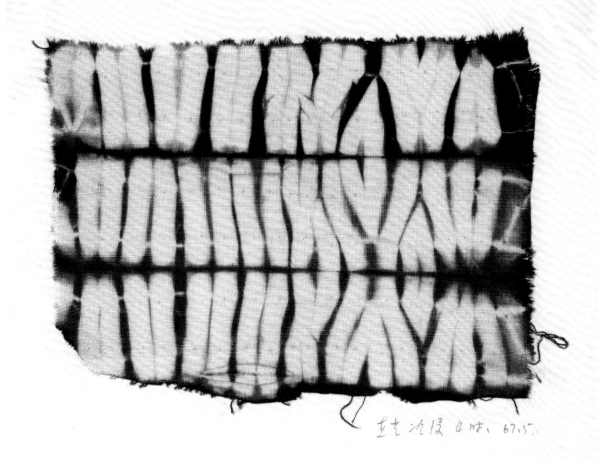

左芝浓度 4% 67.5℃

断る

抽皮作止度

(1) 叠坯、压逢线

(2) 住坯线再将其两边绷上两道线.

(1) 攻针按线同宽进,针脚均匀,互成两行
相对, 往到头拆转利头抽皮作止处

(2) 将缝绷线地条用线围上两道

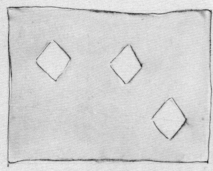

甲

乙 黄底第一浸色后

丙 套茎后

丁 再套红成之效果

63

西芷 璜璜（三套色防染）

以为芷里色衣绫扎染花。染色
由姜黄、靛茎、胭脂红三次套染
而成。

技法:

① 染黄: 先将花纹 1.2.3.绫扎。（以茎色染处）

1.3.中心为靛茎色，2.3为茎红，色去染入中心。
4为黄。茎去染之中心渐色为黄。红去染后。
故。先将 1.2.3.挑花型大小自根向
尖顶全部绫扎。（4不扎）然后染黄。

绫扎时纸垫粗而缠扎密。以求
全部底茎埋却扎实。

② 染靛茎。（染色气中氧化呈色后必晒
色，固呈稳率故有利于最后染红。）
衣染黄后之垫上花纹4处以茎色
为中心环扎。顶部当去不扎。以
便姜染上茎处。同时将
1.2.3.之扎使缘皆掉除顶部一
段，当环扎 当下部一段环
扎防向。即水浸染淡茎。

③ 染红: 将茎后水净去莫浸色。以乾
布收去水分。（或待干后）再行加之。

花后1 将环扎之上方皆用白纸全部
扎使遮姜。丝后拆去环扎后以染
红。 花后2 则将 环扎处自
上端向下拆下一段（露去一段防向。）
茎当一段环扎。以染红。 花后3.4

花后 3.4. 花靛茎后收去水分
（或晾干后）将這两花纹环扎

184

绿带分拆除，现平坦布。在

心得之芯心防白染之芯
心上角与防白框上内角
之间墨住墨做一红心防
染绞花。做此毛将芯心
上角与防白框上内角中间一笑
用竹挑起做相同花芯防
白花大小环扎乳实如图。

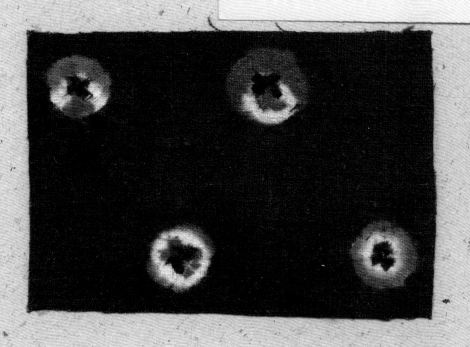芯心 对角交接毛环
扎之宽度。董将芯心完全扎没
衣毛扎绿下。则可进行最后
一次红色防染。

移心杏色防染，两花住墨花的
大小下三种，趣味特异，如下图。

两花约同大   红小于芯   红大于芯

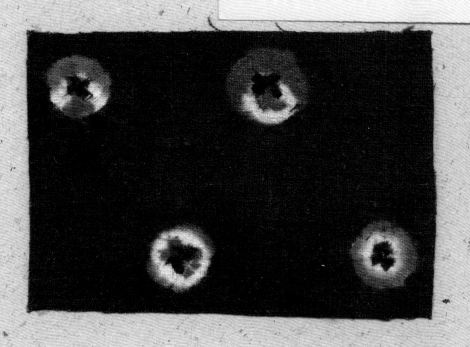

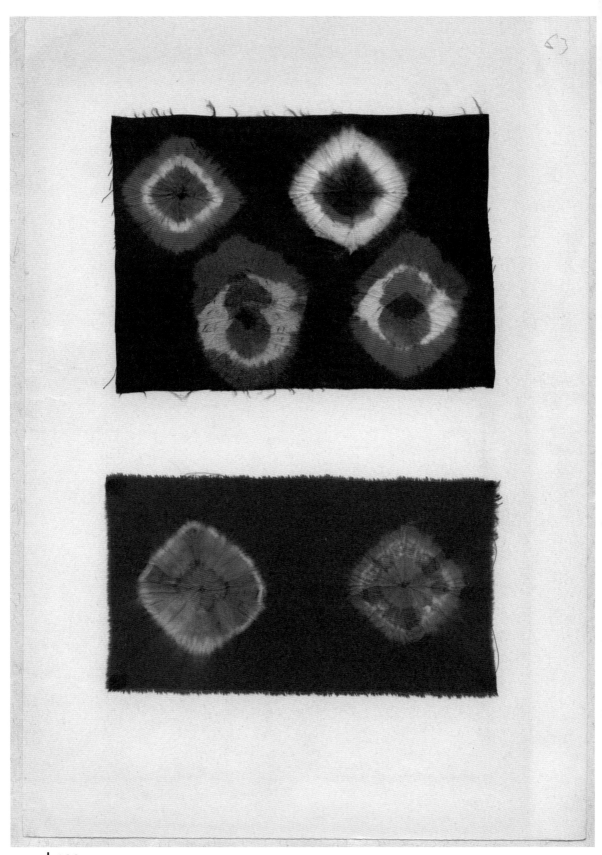

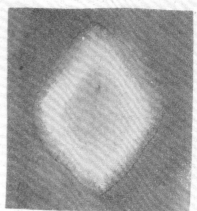

绞花之反面. 正面保艺
些多不黑可能在乙面头实上小.

搓花后使

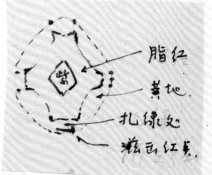

脂红
紫地
扎缘处
浸包红色

红色花纹的特实

清初.
康熙－乾隆.
(1662－1795)

毛善琴："红楼梦"展览中 故宫之物
约 1:⅔ (＝套.再蓝红)

① 全扎如染黄地.
② 白上端抓去一半致续}套染黄.
　 黄肉下好扎一段黄
④ 又去一段续重点染红.

批附。

其防染法，用绳御孔费保甚久。可能用一日浮把黄用手顶针状骨、竹样材纸物顶入黄即可防染。全孔时用封闭一端之管。今可用塑料管试之，以探求其好之状。

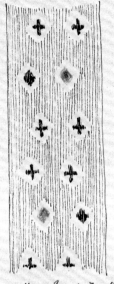

錯 锗 染 花纹.

注.

＊ 十 扎成十字形
蓝染後时. 御扎时
须如下去.

缝后抽紧. 使
针路围内凸起
即成十字文之缝
染气凸. 再以缐
表沿针路
外缘御扎
即之.

染法: 甲.

1. 先将 十 十 ◆ 满扎 全染黄. 取云. 漂洗. 收水.

2. 再将 ＜A 之下部环扎 如 B. A.B须
扎相辅. 则将欲保 十 ◆ 之A扎缐拆地
去. 冷浸后全染兰. (欲 处之A扎保不拆.)
染后. 漂洗. 收水.

3. 再将欲染 ◆ 处之A扎缐保拆去. 蓝染红.
住玄身浸达B扎缐. 以免污地.
如此 则得先黄後兰之套染善保地
黄 ◇ 之框. 兰 十, 十 纹. 最后再局印
蓝染 ◆ 上纹.

染法: 乙.

1. 先将染 十 ◆ 处环扎 B 如 B.
再将染 ◇ 处亦环扎 如 B. B上端满扎
如 A B＜A A.B二须密接封压不漏色.
水浸后全染兰. 染后. 漂洗. 收去水.

2. 再将 十 十 处扎日上向顶满扎A 如＜A
包扎住兰色. 水浸後入染黄. (满染) 套得善保地.

3. 水洗收水后. 再将染 ◇ 处之A扎缐保拆去.
局部蓝染红. (B缐不可拆并住玄蓝染好后
使红浸达B缐免七色.

彰染如上.

1964. 元月

扎染防补.
① 先染黄、开黄、青色法.
② 乳液色防护.另蓝染法.   又又法记.

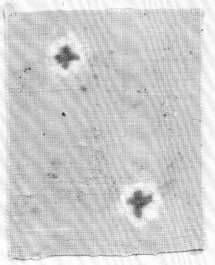

A. 璎珞染法：套染＋蕨染.　　　　B. 璎珞染法：1浸后蓝染.

A.B 皆为绞缬法：缝、绞缬合. 此适于织物较为松厚之织物. 璎珞一般厚约 1.5～2.0 mm 以上. 十字纹成型才较适宜. 必"十"字处角内才挤得紧密, 水浸后防染也佳. 成十字纹清晰, 花头可大到直径 3.5mm 左右. 若织物薄如本试样 A.B. 则花纹直径仅能在 10mm 以内. 否则就不能得到清晰之 十 纹.

扎法:

① 取坯布. 沿经结平作包针缝 四针. (八眼) (浮4. 沉5针) 围成一个八角形. 垫后将缝线两端捏住抽紧. 其

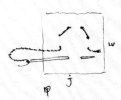
甲 丁　　　乙 丁

衣抽紧绕线后的末端腰部 邻扎数圈. 止以套法. 垫后 再以另色线将扎实全 绕扎至顶

② 染色. B. 坯水1浸后染黄. 取云后去圈戊 之色保蓝染 (十字. 水浸后再抓去 毛孔扎保印成.

A+色. 水1浸后. 先保黄, 染后取云抓去 数第十字处之色保成). 然后 染茎. 地为 浅色. 十字纹为黄. ◎ 丙. 水浸后反将数垫 (十字处之) (戊) 围色保蓝染 12. 水浸抓去毛孔保印成.

丙1 形成 丙2

丙

戊

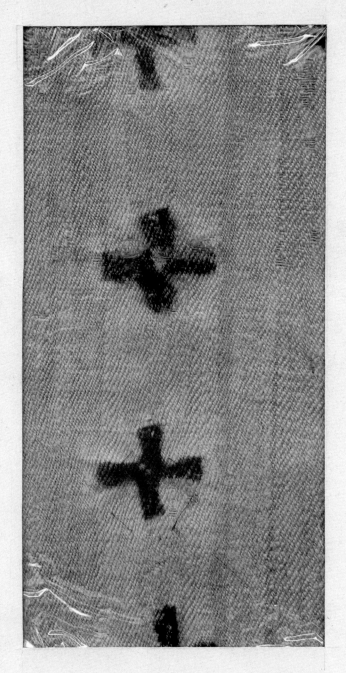

西藏 谱琚. (Banglo.— Banglo)

(1736—1795.)

192

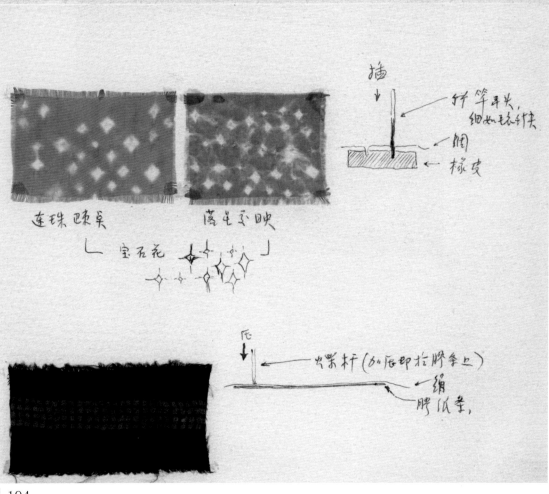

连珠映真　　　落生采映

宝石花

194

一 　缝染法：加题形。

1. 坯绸先行用线在树形花纹处，以黄引成目形。均匀再以（竹根捆棉花）蘸上黄染致毛，白成圆线中间之花纹。

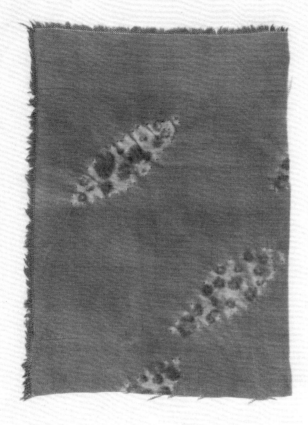

2. 再以针11合股缝白一端绕树形外边逢也。成刺，接挑线孔起纹处附线抽紧扎线，成般纹。

3. 缝完后染。

此样本为蓝单色，加于白色染花了，且水况叶共这很边苦多，宜采二三色不宜混合用。

一 　扎染。　　御茶子梗出。

1. 先以低绿染染成咖绿色。

2. 然加硬吉黄染出白花处。全段染后中更色如烟，效果不好。

样绸华观、花成圆形、不是方形、吗且有弦线缘收
定了。纸布程序你。扎时不产生弦线
相不角变形内度。年几何变形。即年正
方形、吗可为证。

1965.10.11.

196

一　　板缬染

▲ ◁ ＝扑，上下将纪物夹好，纪物需先行
　　　染好，一边如梯形板不底长才可。

▲ 夹好吃水，再以乾毛巾收去一部分，五不
　　　红1份染。

▲ 染料，混份后12小时，浸染5钟。加
　　热至70° 染数分钟即可褪化氧化，降格。

▽ 以板夹口走水，罩染氧走。

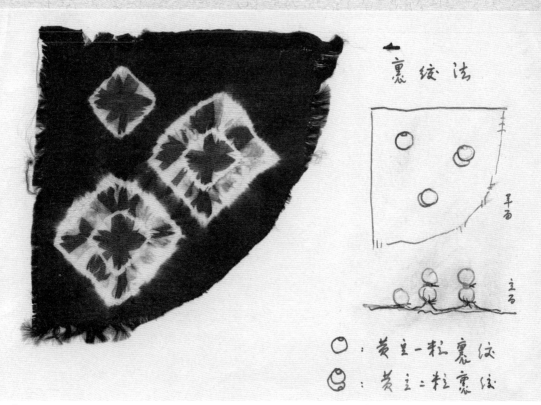

裏纐法

○ ：黄主一粒裏纐

○ ：黄主二粒裏纐

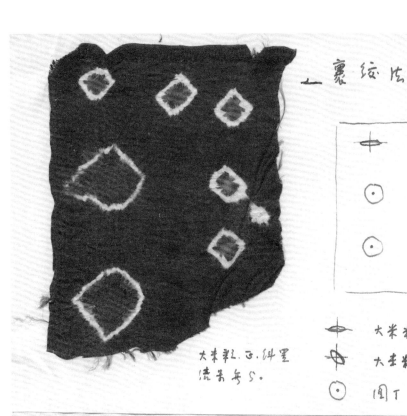

一　裹绞法

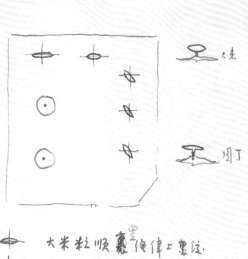

大米粒.正.斜翌
法另有5.

⊖　大米粒顺裹黑後绵上裹绞
⊖　大米粒斜至绵绵上裹绞
⊙　圆丁裹绞

一　裹绞法

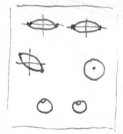

⊖　素核正至裹绞
⊖　素核伴黑裹绞
○　黄豆粒裹绞
⊙　圆红裹绞

绞得似九纹梁.

绢绵绞．清法外挖绞加工上粱.
直桃红5．直金空1.

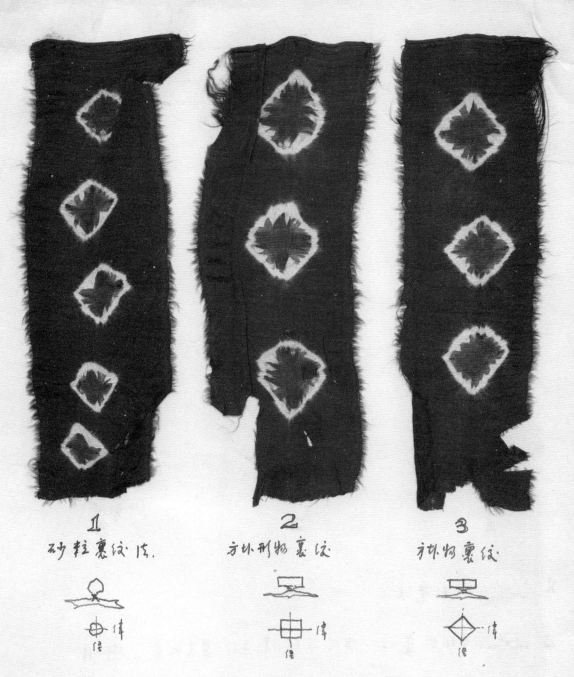

1

砂粒裹绞法.

2

方块形物裹绞

3

球物裹绞

以上三法，俱差相仿。外均老奇，内均倔逸状。

裹绞法.

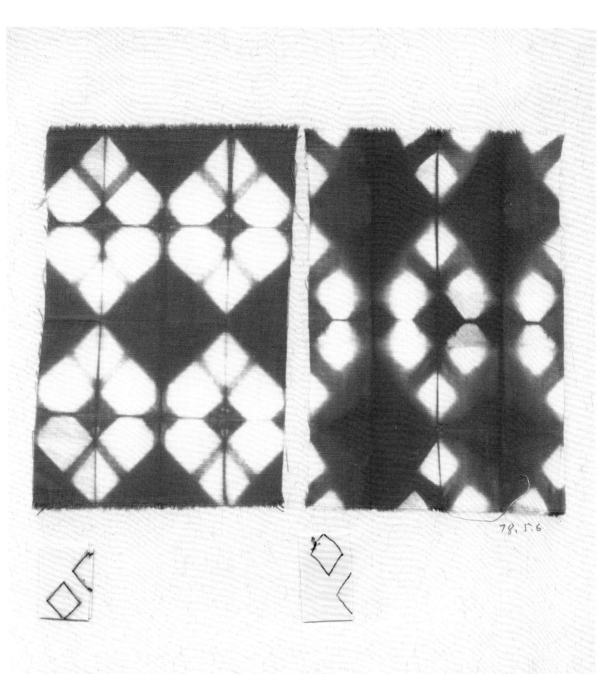

78, 5, 6

湖北 郧县　60年前故物　63.7.

树黄 拉打印花.   1962.9.16.

坯布：细布经烧碱净练，净白。

黄：菜丁香，拉打 另没 匀及特制.

传说：上浆及不及原布石碱处者。印片呈苹绿.

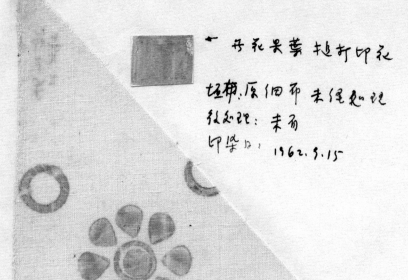

← 开花头菜 起打印花

坯绸.质佃布 未经处坦
织处理: 未有
印染: 1962.9.15

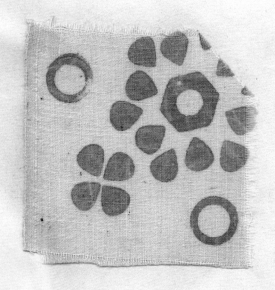

红苋菜叶起染.
1962.9.17.
未经处理.

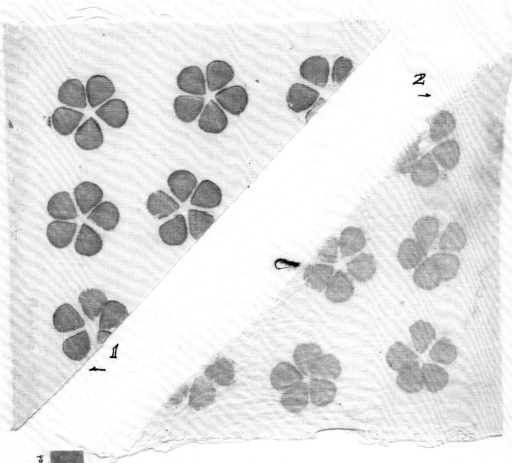

嫩T青黄褪草印花.　　　　　1962.9.15.印.

坯布：原仿印, 未经煮练, 漂白, 除浆处理.

黄 ：嫩T青. 吧压浮浅淡黄.

印 ：无媒染, 防剂立挺硬打. ·

板处理： 1. 未经任何后处理

　　　　2. 染印一个时纹, 乙轮纯白末水冲洗, 压时
　　　　　色嗷敦保, 9.15印. 15浸, 160晕晾晒保色. ....
　　　　　160日晒两个时.

紫丁香葉打印
1962. 9. 15.

當時近似色樣.

綠葉 搥打印花 "1"

據說,柿、核桃葉,及棉葉,皆可搥印.
木几上至葉上覆布.再上以溼糠濕墊
以木槌去之印漿.經水洗不退,毛
再經水洗,花色由革綠轉為淺檳色.

試驗.

1. 取紫丁香葉之深綠肥厚富汁者.找净.

2. 取白細布為墊布.(印未經漂練實白者)

3. 以墊布疊為兩層,中夾丁香葉托印
花之作層上.印下墊平木板,板上又取
層紙.布上托花使處至木刻之花
使眹子.以鎚去之葉綠後捨去印
染了上下兩層墊布得花如上."1"
色毛革綠.

4. 此標.未經任何後處理,以觀察其變化.

分析.

1. 选葉之適用者.大率為含
草棉質子者.綠素濃者葉
質由適中者,菜刈之者皆
为时候 此候圖即至主作用

206

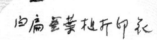

白扁鱼黄拉开印花

短飞压佃和

级忽识：0

印染日：1962.9.15.

→ 罗为绝水1兒
之多扁主黄印花.

1962.9.19.

反复红柿黄打染

62.9.19日 将红叶 全

207

1962. 10. 5. 上午. 按苯丁香叶色时打印. 实验. 以金属垫如纸后之渗水况. 标片:

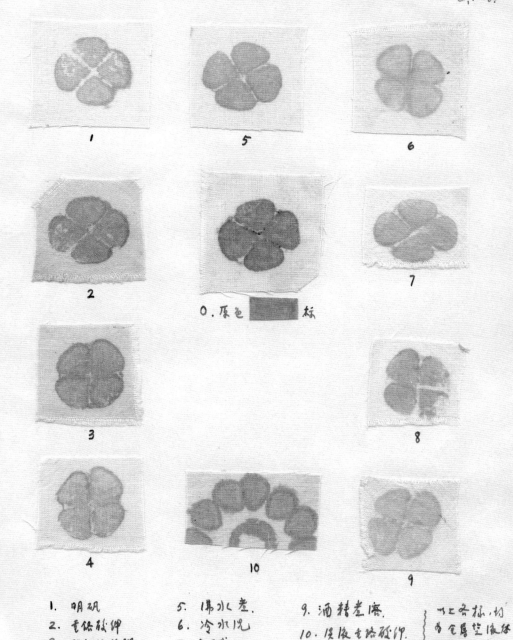

1   5   6

2   0. 原色   标   7

3   8

4   10   9

1. 明矾   5. 沸水差.   9. 酒精老瘩.   以上各样. 均
2. 重饱酸铆   6. 冷水况   10. 候瘩色瘩酸印   为金属垫垫体
3. 饱和硫胶铆   7. 食碱   加热. 毛瘩. 如
4. 冲淡硫酸铆   8. 稀硷潜瘩   拉. 15分钟. 差
                0. 无样无如88.   况. 15平.

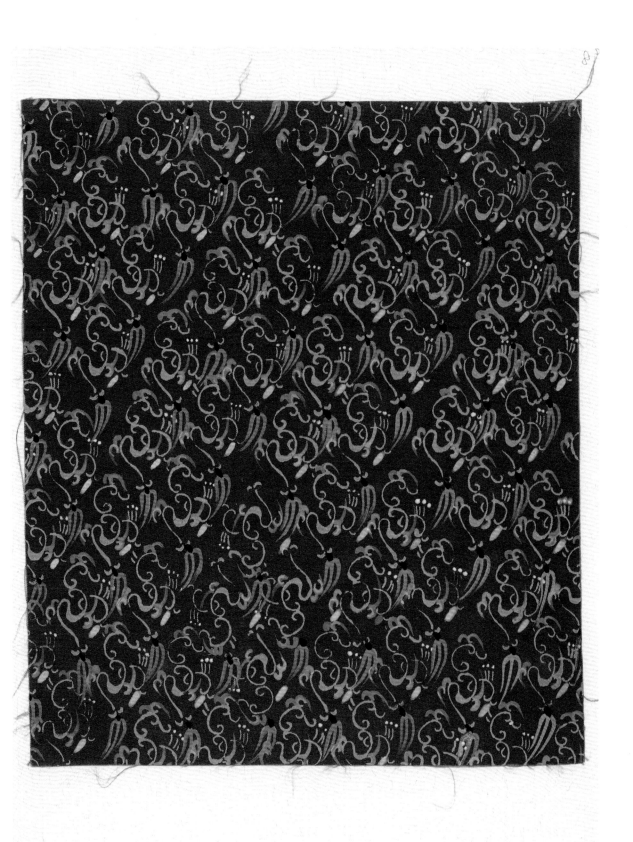

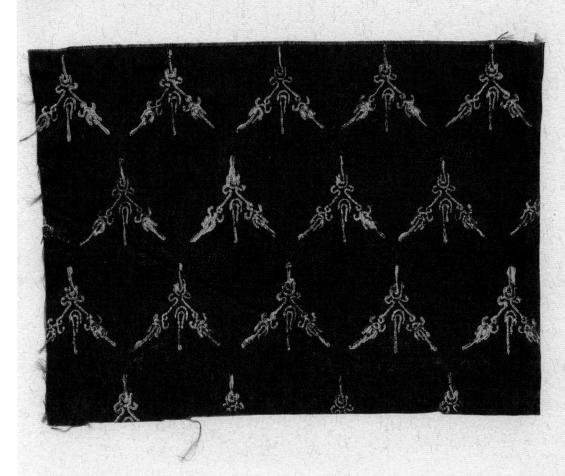

1991. 6. 大雨天中.

①

包子（栀子）染色.

Gardenia florida. 茜草科栀子属
常绿灌木. 高6~7尺. 椭圆叶对生, 夏开
花六瓣有香气, 果实长椭圆形, 有纵棱
6条, 皮薄而韧, 中有含油质仁. 色橙红.
天阴时易吸水潮软, 不易干燥, 须晒
干或炒干加工. 冷水即可浸出黄色. 如
热更易浸出, 仁呈橙红色, 可直接染丝
亦可媒染. 据杜燕孙试验, 以媒染为佳.

昌色棉绢黄绸
不媒染, 热染后
50℃—100℃ 40′
1′2′度 30′. 水1′度
干出取样.

②

媒染用铝媒染,
加热后40°—100°
50′. 1′度后取起.
(同浓媒染后)

茶肆购槐花. (炒过)何色陈.
煮汤作浓茶色. (10g+100ml水)
若左加清水稀释, 八州硫酸浴
染锦 呈黄色. 不媒作草黄色.

以上①.色.均取栀子仁
废料加热, 未去皮, 浸不净.

84

苏木染色试验

苏木染液（新碎木材煮液）均匀一次取出晾干之试样。

並以此试样色作浸扎各媒染剂中之逐个试验，並晾干压水洗之，贴扎此，如各皆不另稳定之色殿色被皆变黄。

I 先浸染液再浸钾矾液

A
B

A 先浸染液再浸碱液残液。
B. 由A条上取B再入碱液又变为趋红色。

II 先浸胆矾液再浸染液。5

VII 先浸染液再浸炭酸钠液

III 先浸染液再浸青盐空液

VIII 先以炭酸钠浸晾干再浸染液

IV

IX 浸浸染液长时位(6小时)炭酸钠液

V 先浸染液再浸青盐再浸矾液

X 以试样IV浸炭酸钠液二小时。

213

关扵 苏木之染色试验.

1965. 10. 24.

见公佐9月素告 65年10月24日.

A 明矾于浸泡, 取入明矾苏木液中. 一小时.

A' 用A, 主叶毛液. 更为黑调. 晾干后平泡成灰色.

←苗白布

1. 钾矾入染液内 浸染一小时之试杯

←苗绢片

2.(A) 伊矾入染液内 浸染12小时之试样

←同 2 (A)

2.(B) 2(A) 经皂洗后, 受碱 液作用变为浅玫瑰红 色.

（上部）硫酸矾供液入苏木液中. 染一小时后及毛洗. 冷液60-80℃下得此黑灰色. 1978.5.30

苏木里A 调

苏木液(黑红色)入硫酸铁液, 搅染2-3分钟, 水洗后得此深调里, 此B液简便也. 1978. 5. 30.

苏木里B 调

五倍子浸色. 入石灰水中通过, 再入硫酸铁液中浸泡, 空气中氧化. 将干布入苏木液染呈黑灰色后, 再向苏木液中加硫酸铁液浸. 染2分钟浮, 取出水洗. 得黑主里. 1978.5.30

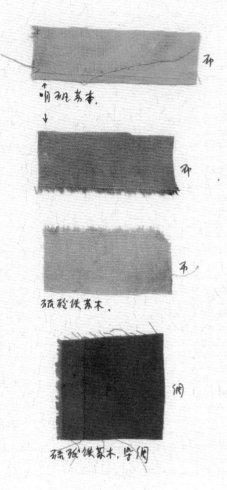

↑有班点者亲.
↓

硫酸铁苏木.

硫酸铁苏木,牛(网)

硫酸铁苏木.同前页 1978.5.30.

3绞子浸透、石灰水中复壶、洗涤、再入硫酸
铁液中,再在雪零中氧化吃绿壶、再入苏木液
中浸色、由于子质不匀、色有花斑. 78.5.30

关于檀木（红木）？之染色

布

（用）

紫檀A（?）未媒染.

（此种檀色墨绝无带红色，浸
，经数日，差滴如酱油. 不
见紫红状物. 此桂油
之染液. 1965.10.17.）

__染液滴入媒染剂试验.__

以染液若干分. 为六.

Ⅰ. 滴入纯碱液.   无况变. 色棕

Ⅱ. 滴入单宁酸液.   无况变. 色味茶

Ⅲ. 滴入樟球酸液   缓即况变. 色深橙

Ⅳ. 滴入钾矾液   即况变. 色黄

Ⅴ. 滴入胆矾液   主即况变. 色深棕

Ⅵ. 滴入铁笙液   况变 色橙黄.

判断: 可知此可直接上染, 每1次

媒染. 咄染后以 铜笙. 钾. 钠, 绿

草固色可也.

2或以样柠预浸坯布再染

亦可. 又或以2% 碱化染液从

其句染方式.

紫檀B（?）染后明矾处理

（此种檀色果红, 常此黑色絶
衣中有如血珠之红色滴, 浸
差数次皆下色. 咄直接上
染极差, 若染液中加明矾
即刻也况变. 之紫绿物则
更不上染. 差液时加碱
则下色快. 又染布另涂
（用）则咄染得单色.） 65.10.17.

__染液滴入媒染剂试验__

以染液若干手式. 分别试之.

Ⅰ 滴入明矾. 青色1况变.

Ⅱ.

山东,昌邑县经绸二厂
木机手拉梭生产茧绸(绢)

① 密度：14×14 /cm²
　J 0.4, W 0.7 mm
　厚 0.25 mm.

② 密度：32×22 /cm²
　J φ0.25-0.3 mm
　W φ0.4 mm 厚 0.29 mm
1991.5.五台山东取样.

② 茧绸.

① 茧绸

I号壳壳杉 构子皮。

硫酸锂 先浸后加热，饱和
取起，加热也平产化色淀。1足
何可续染，冷后仍金色

硫酸锂 蝶染液，地后，再煮
再浸再煮。好好的时，冷液(已加锂)
入染上色快，可续染，地色皮不佳。

二氧化亚锡、后地。(酸化)再加入染液
发化色淀，加热10多钟后取出收干。

硫酸冷失蝶染。1足浸加热，继受1后地
硫酸后加入染液引此地，可续受呼。

温水浸出液、冷
浸一夜(10小时)
(构子皮浸水加石成浸出液)

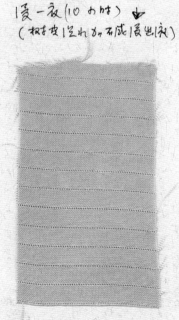

一次煮1液，1足1浸入去接染后冷
一夜取出。(冷浸心小时)

IⅠ—I 构子皮。(1991.5.24染样去)

東北黄芨木料
長纤層外皮,呈紫
紫色。其郝分内软皮
(木材本色,近白)煮液
(+ NaOH 0.1%以下)可
染本色及蝶染样。
長纤表皮者,内外表
较'深',柔.

91-I 号树皮(長纤)
(1991.5.23 採集)

↑ 以当I号树皮,剥去外层,呈红色表皮
用内层白色软皮煮液1:30h(+ NaOH 0.1%)
开入 染样浸煮
1:30h,水洗干燥.

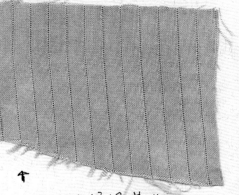

↑
二次煮液直接浸煮1会

一次煮液浸煮染直接↑

↓ 三次 ↑
煮液直接
浸入热液
然后洗冷
浸一夜染
(约10小时)

空白样,
32×26/cm²

一次煮液,先明矾浸,再入
煮染(煮沸)再加明矾液染30分.↓

一次煮液 明矾蝶染 ↑

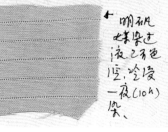

↑ 明矾
蝶染直
液乙万色
浸,冷浸
一夜(10h)
染.

① 橡皮铁媒染.
② 橡皮铁打底再媒染
③ 橡皮铝媒染
④ 橡皮铜媒染
⑤ 橡皮铜打底再媒染.

①-⑤ 标本，均先不染底差.
染1:30ʰ后再1次入媒染剂.
打底者，则先媒染剂浸10
杉，晾干，再入染.

⑦.⑧ 栀皮纤维.(有表层半迁
外皮差染加NaOH. 0.1%. 1:30ʰ
呈棕红度₍₎入坯差 1:30ʰ.加
媒染剂.浸差.
⑦.铝媒染色杉偏黄
⑧.铁媒染色杉偏褐.

栀皮染色用加明矾则更细.
羊斗子.加绿矾立同.

⑦   ⑧

1991.5.26. Ⅲ号皮染

Ⅲ号黄花松树皮

黄花松水鳞状皮带有
部分白色嫩皮此是加碱
液压液染样及煮漂样。
1991.5.23—26.

91—Ⅲ树皮
（鱼鳞片层）
1991.5.24
采集。

鳞状皮，紫红色，多层
结构，鳞缝及疤节处
有油脂，外层老皮色
很差呈黑焦色，此层
需刮除，油脂亦刮除。

↑ 煮时加 NaOH 0.1% 煮
40分钟，煮空一小时。

↑ 硫酸铁媒染，热浸后冷 6h
深豆青色树皮中粘胶层染，色已经别除。

↑ 明矾媒染，热浸后
自冷，5—6小时。

↑ 空白全练试样。

↑东北黄花松
鳞状外皮，
色紫红，色层
皮较脆。

↑ 浓液煮浸，煮10分钟
浸2~3小时再煮，再浸
2~3小时。

第三次煮树皮液，后染3小时，↑

↑ 此为纯鳞状皮，（即不带内皮
白色嫩皮）煮液＋NaOH 0.1%以下，1:30
小时，后加入试样再煮1:30h，此是干
失样（1991.5.26）

（1991.5.24 学标本）

长皮若次差浸入铬媒染 ↑

铁媒 → 再铜媒 → 再铜媒
（先打底再入染）

↑ 端皮三·四次差浸入铬媒染

长皮二硬铁媒浸染 ↑

王皮洗水1次
出皮、冷浸24h
样品 ↓

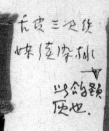

长皮三次铁
媒浸冷枫1
次约颜
硬也

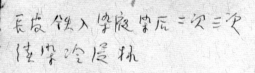

上1.2.3.铜媒.下铜
媒12小时.

长皮铁入媒浸染瓜三次三次
续染冷浸枫

王彝皮铬媒.浸枫 ↑

硫媒
染后于浸
坯出卷于再
入三四次
端皮1次冷浸
12小时.样 ↓

1991.5.24.25.

東北黄花松树皮　1991.5.25. 满中.

① 外层长纤层状表皮，内皮白软，但近水后很易
氧化成棕色，则内皮会较于单柠，差色时分离内、外
皮，则外皮呈暗红色（染色清而不浓，加矾成底为下色，
内层的软皮。差时加矾成浅色-棕红，连金属盘为捆
取皮时宜以竹木上刮新皮干燥存用，老表皮之脱色
且里空除去。长纤层外皮者似有二种，I、II、III号鳞片
略长于鳞片状者。

② 鳞状皮层，色更厚于长纤层者，
色艳，但差浓时，由于内纤软皮
取样较多，故下色不浓，而清，
（皆需加矾成）编为III号，连金
厚垫，明矾，铜垫均为增捆
现水，而近铁垫，但
可清染。其他以场
铜矾足打底为好，上
色快。

注三 III含松脂多
须色除，再捣出。

I号，含松
脂稍多，
选除即可。

I号黄花松皮　　II号黄花松皮　　III号黄花松皮

223

靴皮没染过久，柔弱空气
处，易也不匀仍永.

试染后均减去牌
主用甲酸复艳.

一次浸, 二次浸 三次浸

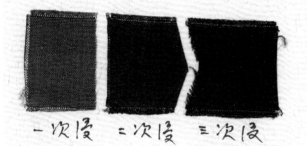

一次浸 二次浸 三次浸

一次浸
以上出染水后经氧化. 卫色干燥.

靛兰染. (1991.5.31.)

靛兰粉. 十烧碱
十保险粉. 染柞蚕纱
苗绸.

青黛 (中菜级) 染柘绸. 1991.6.19.

青黛粉末, 加水, 加烧石碱
加保险粉, 还原成隐色体, 至黄
绿色, 染色水1½, 皂洗.

A ① 一入染 ② 二染, ③ 三染.
A 水1½染1½.

C① 茶铝媒套风染素.

BD 再铝十菜套
染素木行染仁.

D③
黄花收冷浸
一月, 干瓜. ①

单染青黛 ②

D 黄花收冷浸 ↑
一周, 干瓜. ①

C 青黛一染罩染
栀子①.

B 拉青青黛含黄, ①一染色 ②二染 ③三染, 三染时, 二染已干, 再入
染液, 浸透但不至还原成单染色. 即挂色生色.

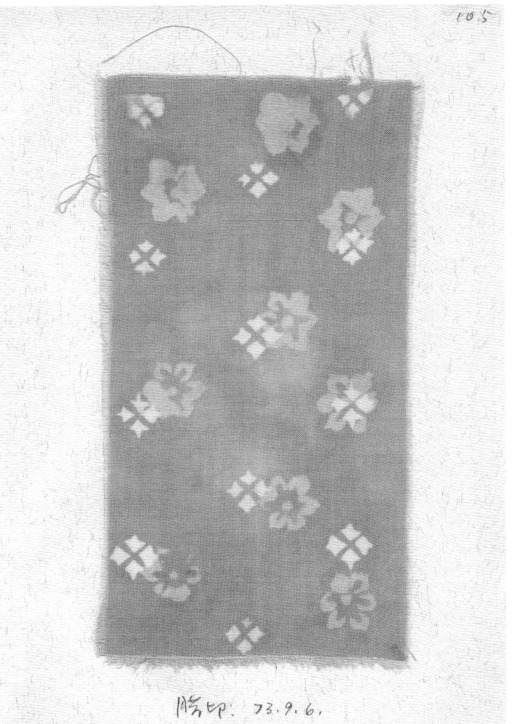

晓切. 73.9.6.

学生坯 石质乳调空彩 拔白 旺膀五致
73. 9. 8

浆拔书古作。吗名 拔黄,对萨治则作。73、9.8.

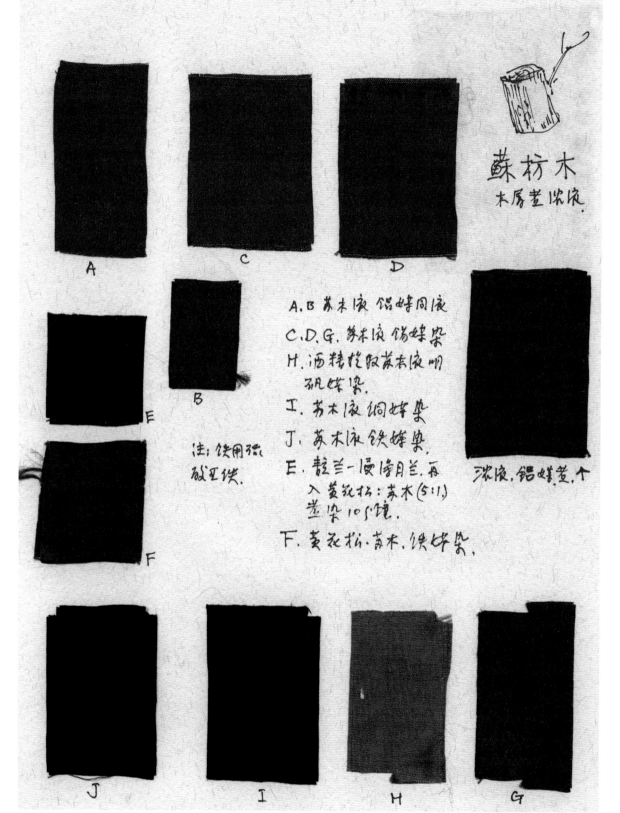

蘇枋木

木屑煮浓液.

A.B 苏木液 铝媒同液

C.D.G. 苏木液 锡媒染

H.酒精栲胶苏木液明矾媒染.

I. 苏木液 铜媒染

J. 苏木液 铁媒染

E. 靛兰一浸净月兰,再入黄花栲:苏木(5:1)套染10′镜.

F. 黄花栲.苏木.铁丝染,

注:铁用硫酸亚铁.

浓液.铝媒染.↑

A

C

D

B

E

F

J

I

H

G

230

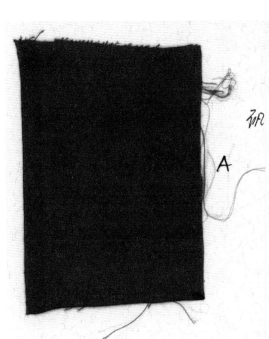

紫草 10g. 乙醇100毫
浸1小时. 倾出. 加水1倍. 热染. 加明
矾 10-20g 得色样A（明矾为紫草之3%）

余液再加水 热染20分钟得B
余液再加水 30% 热染得C.

标本用乳胶（聚醋酸乙烯乳胶）贴.

96.5.30

D 冷染得D

银红.

A

A′

1996, 5.16.

苏木   g + 水 400ml 碱微黄

浓缩至 350ml 1次出

铝硅加水 300ml

煮至 250ml

以上 550ml 浓1皆至 350ml

瓦上滤加水 2：3 （酸）

入明矾1夜, 同谷芽 染液是

酒红色. 加热 60—80℃ 5'馆

1筆A. 前下A′ 每续染 20'馆

作色唔络合过量.

老残明记. 出炉银红色

202

232

1992.1.25. 王蓉自港带回泰国山竹鲜壳

染色试样.

1. 鲜山竹壳一只. 入烧杯中加水 200ml. 煮 1 小时.
   浸液呈棕红色.

2. 试样:
   A. 原液直接差染. 40′′烙
   B. 铁媒染: (予溶硫酸铁浸差试样. 40′′烙)
      再浸入滤过原液煮 1 小时. 染色棕灰.
   C. 铅媒染. (予溶浸同B媒染剂用硫酸铅钾)
      浸入原液煮 1 小时 染色. 棕黄. (戏白浅驼)
   D. 锡媒染: (用氧化亚锡. 酸化. 予媒法同B)
      浸入原液煮 1 小时 染色 暖调栗壳色.
   E. 铜媒染 (用硫酸铜予浸差 40′′)
      戴样浸入原液煮 1 小时. 色已浓. 再加入
      硫酸铜液. 染红棕色. 最佳.

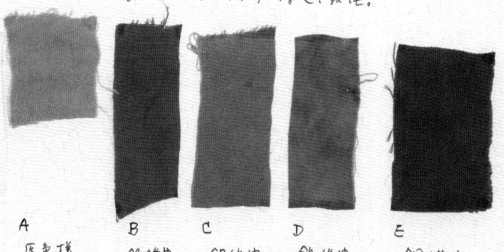

O	A	B	C	D	E
空白样	原色样	铁媒染	铅媒染	锡媒染	铜媒染

山竹壳 浸出液 （先冷水浸去乳状液）

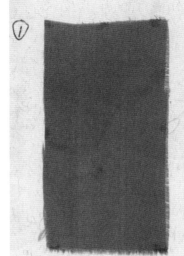

①温浸加碱 棕红液
煮染. 30′佳.
鲜壳25g. 冷水1浸去
乳状液, 再加水加碱
0.3g浸 4小时, 加温至
60~80°C 浸2小时. 1浸
1浓液色如酱油. 静置
48小时, 入白坯. 浸1小
时, 再加热至沸, 浓缩,
染0.5小时, 1号样如上.
浓黄为 30ml. 染后
缩至 20ml.〈丝绸染〉
1992. 1. 28.

③

④

用上1液加碱之浓液
加硫酸铜入1液中
即成 糊状浆. 1浸冬
加热, 隔夜取出洗净
似纸坯不宜, 若媒染
之单处理坯绸, 再入染,
但色似不佳。
1992. 1. 30.

④

铜重媒
热浸加碱棕色液
绸坯硫酸铜予媒
入染加热至沸, 浓
缩. 1小时, 取起水洗
浸干.

4. 为铁坯染
不佳, 为残液染

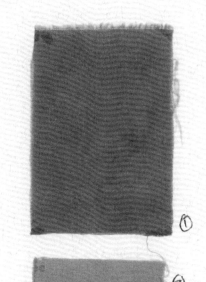

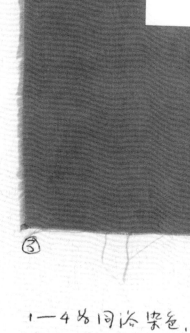

mangosteen

①

②

③

金宝女其染

④

1—4为同浴染色，
4为末水洗样本。

以上为浸渍鲜壳加碱煮沸得色
为棕红液（带李子皮色）浓缩后
以锤手浸地绸干后入染，煮沸
30分钟静置30分钟。

注意 此样本为浸渍鲜壳1液，静置对
绸后，加热不沸浸染6小时。

235

B 先媒后染

A 同浴媒染·鲜槐米·

A.B.C.D. 龙爪槐米明矾媒染

C 先媒后染,沸10分钟

先媒续染,沸30′ 50g 鲜龙槐米
水500. 蒸至350 ml

E 中国槐米 鲜品,同浴媒染.

236

槐花（鲜干）染色样品 1996.7.6.上午做
槐米7.3取样.

A 槐（中国槐）米. 即未开苞之粒状蕾、花苞尚未出头.
　取鲜品略晒. 未全干时水煮20′钟 明矾媒染.

B. 龙爪槐之粒状蕾 水煮20′钟 明矾媒染

　　A′. B′为前二者之槐米. 略炒过者煤染试样

A　　　　　　　　　　　B

槐花
染黄牢度
优于栀子.

A′　　　　　　　　　B′

鲜品色艳、炒过者色老.

沈老定名:
永乐时云凤织金纱.
(作祇服縢補料)

明代朱罗 有龍補
嘉万间. 苏木丙安出丙色.
生纸除灰又加胶(?)

1:1.

① 上图墨线所示为第一版花纹.蓝色.

② 红圈处 为第二版花纹之上端
软质镂空版之刷印时变形
特徵. 第二版为1篆半黄.我土黄色

③ 白纹印第三版为茶色牙黄诸
纹.

花版:为绢或皮刷制后镂刻成.
若绢者. 约孔0.1^{mm}厚左右.
(皮的)皮制. 则如羊皮纸片.
我鄂君安, 鼓皮比制之. 三版
套印. 对版不严格,各本为手持
单花单模印制.

色料:均为涂料. 基质以青盐待之.
米黄似层料为糟. 白为层质
颜. 不似绢粉. 胶类似为蛋
由. 印花织物上装. 因为皆西不速.

72. W. M. M48. 33~35. 箅篦上印花绢.
时代西汉末东汉初. 1:1.

瑚为紫褐紫檀地色.套印基质.米黄.由.三色
涂料花纹.

(72.10)

239

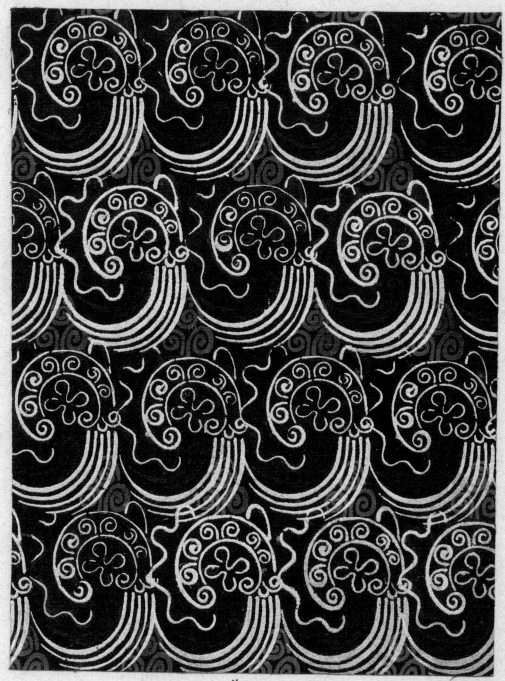

72. W. M. M48. 33-35. 葦席上三色笔料套印的织物. 复制品(1).

(复制品地用布代)(案节二版色直接.说土黄色.)

1972. 11. 3. 作. 印用店狂堡种除白. 黄金胶为产失
色代. 因其刻用新歷色刷印. 胶用
D.1—— 边缘用刷.

1993.5.17. 上午.

万兴训（山东莱州金城龙埠人）受王柱（金城镇仙居村长）
委托，带来活海螺（用海水装，红虫螺）12只，并另带一啤
酒瓶海水，即时清况，发现瓶上已染有紫药水色斑迹，向
云原白布呈紫色，鸣为红螺所分泌物似紫无疑。

即将红螺入盘，盘深 8cm 螺口向下扣放，加海水
至刚没口沿，加冰降温以免死亡，臭味甚重。

下午三时，取出三只，敲开外壳，白色外套膜内，有
黄绿色分泌物甚浓，长约 2.5cm，宽 0.8cm 左右，但厚度
甚薄，用棉花蘸取，置日光下，至下午6时，已转成浓黑紫色，
恰如紫药水干棉，或曰龙胆紫，即行拍照，越三时后状态。

计拍外壳活海螺俯仰各二片，紫色棉二片。

其臭味引来许多苍蝇，其余九枚冰养盘中，水中锈如食盐，
惜为精盐，开粒盐不用也

红螺 染紫

「红螺」（Rapana thomasiana）腹足纲，骨螺科。贝壳轮廓呈四方形。大而坚厚。壳高达10cm左右。螺层有六级。壳口内为杏红色，有珍珠光泽。厣略呈椭圆形，角质，坚厚。生活于浅海底，产于我国和日本沿海。肉供食用；贝壳可供诱捕章鱼，或用作雕刻。为肉食性种类，也是贝类养殖的敌害。

注．山东莱州湾产量较多。大多用壳击穿一孔拴草绳，一米余，悬大绳（纲）上。小船放海中诱捕章鱼，八带鱼，往，一壳中一到两三只，提纲索壳以饶绕两齿钩挖出。随之放入海中，循环搜索捕获章鱼。

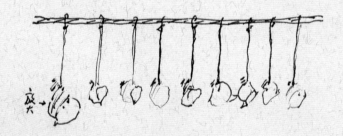

242

1996.4.15. 紫菜所用骨螺标本. 朝阳三条菜市购得、每只皆1万、售者苦山东莱州湾产. 各补7.00元.

4.15. 购三枚用 ↓

4.14. 购一枚用

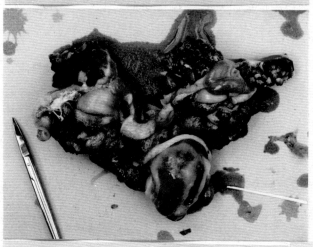

4.14 购一枚试用

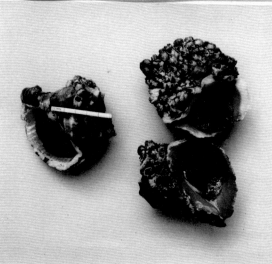

4.14. 购一枚试用

243

A

1996. 4. 15. 红棉 资幌山东莱州湾产

三枚, 剪碎. 打碎收取外壳膜下黄绿色腺体, 约 0.5g. (@9和正 0.2-0.25g) 以生鸡蛋黄约 0.75g 乳化, 加水 5 ml. 调匀. (入染, 日光下足色. 先后染二次) 染液呈黄绿色.

A标本:
　入上述液染, 揉挤揭砾. 10分钟. 日光下晒干足色. 再二次入染日光下足色.

B: 余液磕缸中盖严, 沙箭中放至毛第二天液作微橙色. 入染日光足色. 再二次染. 日光足色. (4.16)

B

B': 标本B. 15日染液渐余. 16日染后. 足色. (如B) 剪下皂洗后. 色剥现状. (足洗时感到脱色? 但洗后色淡而艳.

B'

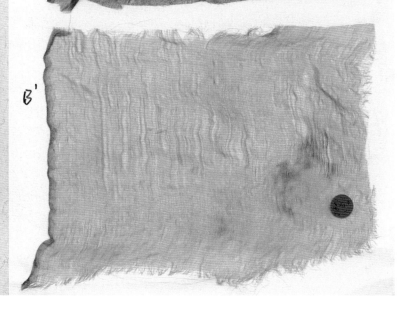

244

1996.4.14.
购海螺(菜市)
山东产.三枚 照片
(海螺仍活,特觉
干) 去碎壳.剪开外
套膜取黄(浅黄)色
腺体.三枚约850mg
加鸡蛋黄研揽为
白瓷碗中并加
水50ml.入绸样
(下)拾续似蛋,约20
分钟取出后烙夾,下
午落阶上晒生色.两
小时后应由浅黄转
至浅葡萄红色,如浸入
一样.待查.

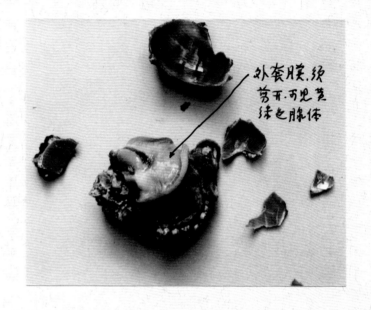

外套膜.须
剪开.万见黄
绿色腺体

→
染样呈
色点表示
乳化未匀

245

查证，此为"红螺"（*Rapana thomasiana*）腹足纲，骨螺科。

4.23. 海螺 4枚. 仅一枚之骨螺为黄脆. 得 0.25g. + 蛋黄 0.25g.
麻油 0.2g. 研腻. +水至 4ml. 入染样. 揉压 搅拌 10'钟. 日光至色
毛干. 接着二次入染. 日光至色毛干（早晨 8-10时）光加烈. 样色如 A.
未熨烫而细料柔软. 熨后挺.
        A'为皂洗二次脱浅   ↓A
              ↓

96.4.30

红蝶一枚，腮下腺呈白黄色，绸压，约0.1g加蛋黄0.2+桐0.2g乳研腻，加水至3ml。
坯绸两块，予湿10多钟挤干，A关窗，放各揭挤挤干，余1夜染B带水晾晒，故有渍迹。（放1束板上，出现"吲哚"若是空则均匀）。

A为压染，A'为七
B后水1洗，皂洗各一次
B为压染，B'为七
B后水1洗，皂洗各一次

初染时为4.30，尖凝有硫味，后随时间多缓和鲜鲤味，水洗后不色。

水洗日为5月7日上午

A, 压染深色, B为余1夜后染故浅淡.

4.30.
骨蝶, 白黄色干绸约0.1g
加蛋黄0.2g + 桐油0.2g
红腻加水至3ml.
平纹薄绸预湿挤干染挤干晒, 余液又染一样, 色浅味逐变成硫味.

247

A. 欲浓染可只加 1 ml 水，生坯予湿
绞干，入染揾揉皮霞 30 分钟，绷晒
喷水保持湿能（可）只剪其 A'

A'

B

1996.5.11，海螺（红螺）
三枚．根腺下脉约 0.25 g
十卵黄 0.2．十桐油 0.2 g 乳腻．
加水 2 ml．滴砚成浆．
入坯绢 A．揾挤 25 分钟后
取出搓揉使匀．挤干．余液
加水 1 ml．入干坯 B．搓揉匀
匀．与 A．同置再搓揉约
11:30 阳光下晒主色．揾干取
下剪下 A'．价石未光为绿
色．正石变紫．A．B．再石停
喷水使湿阳光下连续主色
A．成深葡萄紫．B 色浅．晒石
均晒约 1:30 H.

248

鼠李科. 鼠李属. 中国东南各省. 灌木. 高约3M. 枝叶叶有浅绿.

紅皮糭樹 Pl.I.

a   b   c

d

f

e

1

Macreux del et lith   wild?   RHAMNUS UTILIS Dcne hong pi lo chou   Imp Lemercier Paris
1992.11.12. 拉门新.

〈植物大辞典〉 ④ p2321.

冻绿. 别称:红冻, 油葫芦子. 狗枣. 黑狗丹. 楮绿枝. 大卖头.
(山绿柴)

249

凍綠	*Rhamnus utilis* DECNE.
	(*R. sieboldiana* MAK.)
	[别稱]: 紅凍、油葫蘆子、狗李、黑狗丹、
	橙綠皮、大腦頭
	[科別]: 鼠李科，鼠李屬。
	[產地]: 我国東南各省。
	[性狀]: 灌木，高可 3 公尺；枝通常
	不具棘針，亦无毛。葉橢圓形
	或長●●橢圓形，長 6~11 公分，

成1104—7

	先端渐尖，基部楔形，边緣有
	細鋸齿、黄綠色，背面无毛，有
	黄色側脉 5~8 对，幼時側脉
	上有短柔毛；具葉柄。花黄綠色，
	果实黑色，通常含有 2 个种子；种子
	表面有溝。花期四至五月；果熟
	期九至十月。
	[一般用]: 枝煮汁可为染料（綠色）
	俗稱 "山綠柴"

成1104—7

白皮稣樹

RHAMNUS CHLOROPHORUS Dcne

Rocreux, del et lith.

Imp. Lemercier, Paris

gekweekt?

pe pi lo chou

《植物大辞典》①p472

1992.11.12. 染綠色. 趟行坊.

山綠笨:

利紙:凍綠. 里旦子.

偎栗子.国棗子.

山绿柴	RHAMNUS GLOBOSA BUNGE ①
	(R. chlorophora DECNE.;
	R. virgata var. aprica MAXIM.)
[别称]:	冻绿、黑旦子、偶栗子、圆鼠李.
[科别]:	鼠李科,鼠李属。
[产地]:	我国浙江、福建、安徽、江苏、江西、
	山东、陕西、河北、辽宁等省,生长
	於海拔 300~1500 公尺之山地。
[性状]:	灌木●。有棘针,小枝细,有短柔

成1104—7

	毛。叶通常倒卵形,有时近於圆形.②
	长1~4公分,先端尖突及为钝状
	渐尖形,边缘为钝状细锯齿,两
	面有短柔毛;叶柄长3~9公厘。
	果实具短梗,通常有种子2颗,其
	基部有沟。
查自	《植物大辞典》① p472
	● 人文出版社

成1104—7

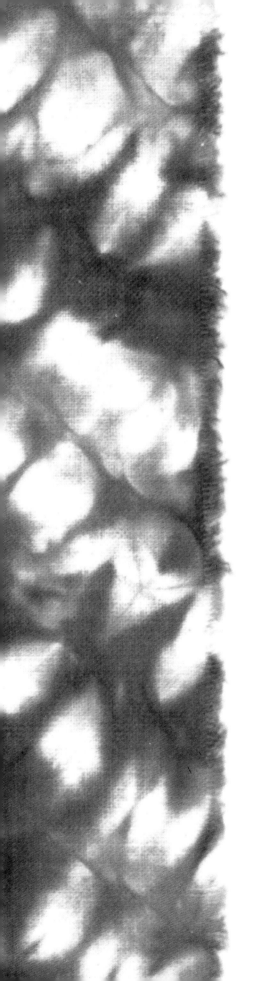

染缬集

王㧒年表

王矛年表

1930 年 7 月 25 日 (阴历)，出生于山东掖县 (今莱州市)

1937 年，到济南读书

1946 年，参加中国人民解放军

1947 年，因病回到农村

1948 年春，经天津到上海，在造船厂工作，同时学习绘画

1949 年 10 月，重回部队

1952 年，随中国人民志愿军赴朝鲜战场，在文工团工作，前后共二十八次渡过鸭绿江

1953 年 7 月，在中国历史博物馆认识沈从文先生

1956 年，加入中国共产党

1957 年，与胡曜云女士结婚

1958 年，从朝鲜回国，同时考取鲁迅艺术学院工艺美术系；8 月，进入中国科学院考古研
究所工作，并担任技术室副主任

1960 年，赴河南安阳小屯、陕西宝鸡等地商周考古工地工作

1961 年，赴湖北孝感、襄樊、郧县等地工作

1963 年，再赴湖北襄樊、郧县青龙泉等地工作

1964 年，初步完成中国古代绞缬研究

1966 年 12 月，两次去山西大同煤峪口矿清理万人坑

1967 年，两次去山西大同煤峪口矿清理万人坑

1968 年，第五次去山西大同煤峪口矿清理万人坑

1968 年，主持河北满城汉墓出土两件金缕玉衣的修复，以及出土纺织品的保护和研究

1969 年冬，赴河北、山西太原、侯马参与侯马盟书出土保护工作

1971 年 3 月，主持修复阿尔巴尼亚羊皮古书工作，发明桑蚕单丝网加固技术保护纸质及丝绸
　　文物；10 月，修复阿尔巴尼亚羊皮古书成功；11 月，由外交部、中国科学院和阿尔
　　巴尼亚驻华大使馆共同验收

1972 年 3 月，与夏鼐、王仲殊等赴陕西考察乾陵，并赴河南安阳进行车马坑的照相及保护
　　工作；4 月至 8 月，与白荣金共赴湖南长沙，参加马王堆一号汉墓发掘工作

1973 年 5 月至 8 月，再赴湖南长沙，主持马王堆一号汉墓出土丝绸起取与保护工作

1974 年 11 月至 12 月，与夏鼐、白荣金一起三赴湖南长沙，主持马王堆三号汉墓出土丝绸
　　保护工作

1974 年 5 月，再赴湖南长沙主持马王堆三号汉墓出土丝绸的保护工作

1975 年 11 月，赴湖北江陵主持凤凰山 167 号汉墓的出土丝织品发掘保护工作

1976 年夏，赴河南安阳进行商代妇好墓出土文物的保护及青铜器所附纺织品的研究

1977 年 7 月至 8 月，赴内蒙古赤峰对荣宪公主墓出土服饰文物进行研究保护

1977 年 10 月至次年 1 月，赴云南西双版纳地区初步考察原始制陶工艺

1978 年 8 月，被中国社会科学院正式任命为沈从文先生助手

1979 年 5 月和 12 月，两次赴江苏南京、苏州及浙江杭州等地考察博物馆藏丝织品文物

1980 年 1 月，三赴江苏南京、扬州天山等地参加天山汉墓发掘工作

1980 年半年，与沈从文先生住北京友谊宾馆完成《中国古代服饰研究》最后定稿工作

1980 年 10 月至次年 1 月，赴云南西双版纳地区正式考察原始纺织织造工艺

1981 年 10 月至 11 月，赴内蒙古取出豪欠营辽墓出土契丹女尸

1982 年 1 月至 4 月，赴湖北江陵主持马山一号楚墓出土丝织品保护工作

1982 年 10 月，参加内蒙古赤峰元宝山元代壁画保护工作

1983 年 8 月，为内蒙古赤峰宁家营子元墓揭取保护壁画

1983 年，受聘为国际服饰学会理事、顾问

1983 年 12 月，赴广州主持南越王墓出土纺织品的保护工作

1984 年 2 月至 3 月，再赴广州进行南越王墓出土纺织品的保护工作

1984 年 10 月 6 日，创用界面渗透法简便安全分离开被矿物盐胶结在巨石上的金牛山人头骨
化石

1984 年，调中国社会科学院历史研究所，接替沈从文先生任古代服饰研究室主任

1986 年 6 月，赴湖南沅陵考察元夫妇合葬墓出土丝绸文物

1986 年 7 月至 8 月，赴日本参加第四届国际服饰学会学术研讨会

1987 年 2 月，赴江苏南京考察云锦织造工艺

1987 年 3 月，赴湖南沅陵协助当地出土元代丝织品文物拍摄工作

1987 年 4 月至 9 月，四赴陕西扶风法门寺主持唐代地宫出土丝绸的起取与保护工作

1987 年 10 月至 11 月，自郑州、西安、兰州到乌鲁木齐考察丝绸之路

1988 年 11 月，赴英国伦敦拍摄英藏敦煌文书非佛经部分 (唐宋写经卷背墨书) 照片

1989 年 3 月底至 4 月，初赴法国巴黎并访问集美博物馆和里昂纺织博物馆

1989 年 6 月，自英国伦敦回国

1989 年 10 月，赴黑龙江哈尔滨指导阿城金墓出土丝绸服饰保护和研究工作

1990 年 2 月至 3 月，赴法国巴黎参加联合国教科文组织项目《丝绸之路的丝绸》编写工
作会议

1990 年 6 月，在北京昌平泰陵参加古代丝织品复制工作会议

1990 年 8 月，赴新疆乌鲁木齐参加联合国教科文组织丝绸之路考察国际讨论会

1991 年 8 月，在湖北江陵荆州博物馆召开的中国古代服饰讨论会上被选为中国博物馆学会

古代服饰研究会名誉会长

1995 年，修复完成黑龙江阿城金墓出土的绣花罗鞋，并接待瑞典丝织品专家访问团

1997 年 11 月 26 日 16 时 06 分病逝于北京安贞医院

一坛醇厚的"女儿酒"

王　丹

　　小时候，家里隔一段时间，大多在星期天，爸爸就会带着我们染几个布条条。这个带有变色的魔术般的游戏是在厨房开展的：炉子上锅里烧着热水，染料搞不到时，甚至用擦伤口用的红药水、紫药水代替。白布条们被爸爸叠一叠，缝一缝，或用小木片夹一夹，放进锅里煮一煮，白布瞬间变红或变蓝。哥哥没耐心，常常把布条持成束，然后绾个疙瘩丢进锅就一溜烟跑了。十多分钟后，拿出来用冷水冲一冲，展开，意想不到的白色花纹就会出现，甚至我哥的那个疙瘩打开了也是漂亮的水波纹呢！小惊喜呀！那时候住在社科院的宿舍楼，全楼的每一个三居室都是两家合住，所以各家的门不到夜晚都不上锁，邻里之间和睦相处得就像一个大家庭。发生在我家厨房里的"变魔术"，常围着一群孩子看，还有对门华侨张阿姨、楼上英语老师陈阿姨也经常"混迹"其中，在没有电视等娱乐品的年代，整个过程就像现在流行的"快闪"，绝对能给大家带来一阵小愉悦。曲终人散，没有人关心那些布条的归属，因为王予同志在楼里是出了名的能干闲不住，他今天鼓捣这个，明天鼓捣那个，就像院子里太阳下生长的大杨树，已经是再自然不过的状态。后来孩子们上了大学，拥挤的住房得到搬迁，"染布条"、"变魔术"早就没有人顾及了。

直到我已经在北京市文物研究所工作，有一天，父亲递过一本厚厚的老式红色封皮大文件夹——《染缬集》。

"染缬，开始是我在考古所试着做的，还专门写了文章，后来夏所长看见了觉得不错，还支持并亲自修改过稿子。但是染缬这个选题，以前没有人重视，送交给某某画报，稿子被改得乱七八糟，我就又要回来了，也就没有发表。几十年来我也没有停止在这方面的探究。这几年我又做了一些染色的实验笔记记在后面了。"展开一看，那些儿时曾经看着神奇、随后扔一边的小布条，原来是父亲做的染缬实验啊！一些标本，是在60年代早期做的试验品，甚至比我的年龄还大。父亲把它们整整齐齐贴在活页纸上，独立成一个个单元，旁边不仅配有手绘图，还有详尽的记录：记载着加工方法、浸染时间、温度，尤其是最下面的记录日期，从20世纪60年代一直延续到90年代，绵延三十余年！这些实验，都是围绕不断出土的文物上的染缬纹展开的，最早有1962年新疆吐鲁番阿斯塔那出土的"方胜纹大红色绞缬"，较近的有1996年的骨螺染色实验。我国考古发掘上每有新的出土织物，陶瓷器上带有染缬纹，父亲一定会留意，随后进行一系列的研究、实验，直到完全破解。今天想来，那些发生在"文革"宿舍楼里我们的"小愉悦"背后，无人知晓，父亲正独自悄悄享受着的，是他破解了古人某个染缬密码后的一个大欢乐呢！

爸爸说："妹，这个留给你。"

2013年，于连成先生见到了这本笔记，感叹之余，鼓励我将此出版发行于世，以尽人子之孝。那年秋末，正好北京燕山出版社陈果先生和夏艳、俞伽两位女士在我的办公室见到这本笔记，遂爱不释手，立即商议怎么才能出版成书。他们特意聘请了王亚蓉、赵丰两位纺织考古专家撰写了推荐意见，以至此书能成功申报国家出版基金资助。经过反复商议探讨，出版社决定以原样笔记的形式发行此书，而且把父亲纺织考古生涯中曾经撰写的与染缬相关的文章一并汇集成册。王亚蓉女士为此书的文稿多次核对，夏艳、俞伽两位女士又亲自编辑核校，历时一年，终于付梓。回顾一年多来的点点滴滴，对以上相助人士的感谢之情无以言表。

古有"女儿酒"传说：每当一户人家生了女孩，满月那天选酒数坛，请人刻字彩绘以兆吉祥，然后泥封窖藏。待女儿长大出阁时，取出窖藏陈酒款待贺客。这本厚厚的笔记，恰如一坛父亲为我封好的"女儿酒"，在漫长的岁月里，静静地等着我长大成人。而今，封泥一去，甘醇四溢，告慰慈父，答谢亲朋，款待各方。

爸爸，我真的好想你！

2014 年 平安夜

图书在版编目（CIP）数据

染缬集 / 王㐨著；王丹整理 . — 北京 : 北京燕山出
版社 , 2014.10
ISBN 978-7-5402-3687-8

Ⅰ . ①染… Ⅱ . ①王… ②王… Ⅲ . ①纺织工艺—
中国—古代—文集 Ⅳ . ① TS1-092

中国版本图书馆 CIP 数据核字 (2014) 第 289300 号

染缬集

责任编辑 : 俞　伽　夏　艳

封面设计 : 李洪波

出版发行 : 北京燕山出版社

社　　址 : 北京市西城区陶然亭路 53 号

邮　　编 : 100054

电话传真 : 86-10-65240430（总编室）

印　　刷 : 北京雅昌艺术印刷有限公司

开　　本 : 787×1092　1/16

字　　数 : 300 千字

印　　张 : 17

版　　次 : 2014 年 10 月北京第 1 版

印　　次 : 2014 年 12 月北京第 1 次印刷

书　　号 : ISBN 978-7-5402-3687-8

定　　价 : 188.00 元